Nicola Zech

Administratives Event-Management in der Hotellerie

Matthaes Verlag GmbH

Vorwort

Willkommen in der aufregenden und garantiert niemals eintönigen Welt des Event-Managements in der Hotellerie! Fachliteratur zur operativen Abwicklung von Events, ebenso wie zur Event-Organisation auf Veranstalter- oder Agenturseite, ist in vielerlei Facetten am Markt zu finden. Vernachlässigt wurde aber bisher die administrative Abwicklung von Events am Veranstaltungsort, dem Hotel. Übrigens: Laut repräsentativer Studien steht das Hotel trotz Eröffnung zahlreicher Kongresszentren und weiterer Eventlocations bei den Veranstaltungsorten nach wie vor mit über 50 % an Nummer 1. Dabei wird von einem Gesamtvolumen von 2,8 Mio. Veranstaltungen mit 314 Mio. Teilnehmern ausgegangen. Auf die deutsche Bevölkerung umgerechnet bedeutet dies, dass jeder Bundesbürger im Schnitt an 4 Veranstaltungen pro Jahr teilnimmt.[*] Der Bereich der geschäftlichen Veranstaltungen wird heutzutage in der Praxis üblicherweise mit dem Begriff *MICE* (Meetings, Incentives, Conventions, Events) bezeichnet.

Aufteilung der Veranstaltungen nach Veranstaltungsarten*

- ■ Seminare, Tagungen, Kongresse
- ■ Ausstellungen, Präsentationen
- ■ Sport- und Kulturevents
- ■ Lokale Veranstaltungen ortsansässiger Vereine und Gruppen
- ■ Festivitäten (Bankette, Jubiläen)
- ■ Sonstige

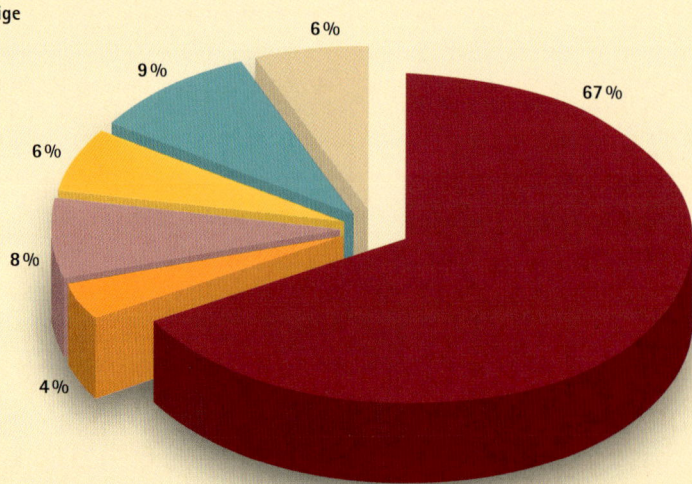

*Quelle: Meeting- und Eventbarometer 2008 des EIWT (Europäisches Institut für Tagungswirtschaft GmbH an der Hochschule Harz)

Um nun aber eine erfolgreiche Veranstaltung im Hotel – sei es Tagung (entspricht, wie grafisch dargestellt, ca. $2/3$ aller Veranstaltungen), Produktpräsentation, Galadinner, Hochzeit oder Vereinsversammlung – durchführen zu können, bedarf es einer professionellen Beratung des Kunden sowie einer optimalen Aufbereitung und Weitergabe aller relevanten Informationen an die operativen Abteilungen. Gerade hier liegt die Chance für Hotelbetriebe, sich von Mitbewerbern abzuheben und zu profilieren. Es ist nicht von der Hand zu weisen, dass erfolgreich durchgeführte Events ein hohes Potential an Folgegeschäft enthalten – sowohl für den Tagungsbereich selbst als auch für das Restaurant oder aber den Beherbergungsbereich. Neben der optimalen Nutzung technischer Ressourcen ist insbesondere in diesem Bereich die persönliche Betreuung des Kunden von entscheidender Bedeutung. Nicht jeder Kunde ist ein Profi im Veranstalten und Planen von Events und mag somit auf die aktive Unterstützung des Hotelmitarbeiters angewiesen sein.

Das vorliegende Buch richtet sich zum einen an alle Auszubildenden und Studenten mit Schwerpunkt Event-Management, zum anderen dient es als Praxis-Leitfaden für die Event-Management-Abteilungen in Hotels. Vermittelt werden soll die Abgrenzung des Begriffs „Management" – nämlich die strategische Vorgehensweise – von der bloßen Organisation. Dabei wird in den Ausführungen des Buches sowohl auf die mittelständische als auch auf die Markenhotellerie eingegangen. Da am deutschen Tagungs- und Seminarmarkt rund 70% aller Veranstaltungen in die Größenordnung bis 250 Teilnehmer fallen, wird hier das Hauptauftragsvolumen repräsentiert. Mit einer gut strukturierten Administration lässt sich ein Großteil des oft auftretenden Druckes und Zeitmangels im Event-Management nehmen. Dadurch motivierte Mitarbeiter haben Spaß an der Arbeit und vermitteln dies auch dem Kunden. Lassen Sie sich überzeugen!

Die Zusammenfassungen am Ende jedes Kapitels dienen der Übersicht und einer gezielten Suche nach der jeweils gewünschten Information. Kursiv gedruckte Begriffe werden im Glossar erläutert.

Aus Gründen sprachlicher Vereinfachung werden personenbezogene Begriffe jeweils nur in der männlichen Form verwendet.

Nicola Zech

Inhalt

Allgemeines

Wo genau ist eigentlich das „Administrative Event-Management" innerhalb des Hotelgefüges einzuordnen? Als Möglichkeiten kommen sowohl die Abteilungen „General Administration" (engl. Verwaltung) als auch *Sales & Marketing* oder *„Food & Beverage"* in Frage. Nachstehend werden die drei alternativen Zuordnungen grafisch dargestellt:

Event-Management innerhalb des Hotelgefüges

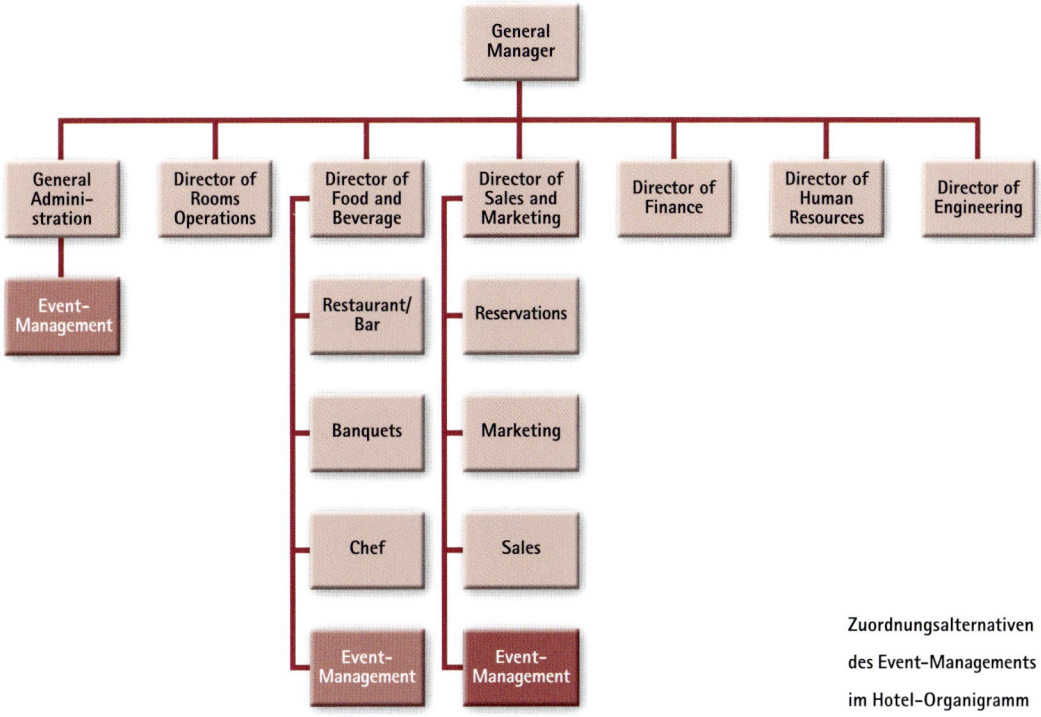

Zuordnungsalternativen des Event-Managements im Hotel-Organigramm

In der Praxis sind v.a. die beiden letzten Alternativen gebräuchlich. Für eine Zuordnung zu Sales & Marketing spricht einerseits das strategische Hotelmanagement inkl. Budgetierung und Umsetzung der Marketingziele, andererseits die Nähe zur Reservierungsabteilung ebenso wie zum *proaktiven Verkauf*. Dort werden sämtliche Gäste- wie Firmendaten verwaltet. Die Abteilung kann mit einer Schnittstelle zwischen Hotel und (potenziellen) Gästen und Veranstaltern gleichgesetzt werden. Für das F&B hingegen spricht die enge Zusammenarbeit zwischen Veranstaltungsadministration und *Operations*, insbesondere kurz vor dem Datum des Veranstaltungsbeginns. Bei der erfolgreichen Durchführung von

Tagungen und v. a. von *Social Events* ist ein Hand-in-Hand-Arbeiten von Event-Management und Operations unerlässlich. Zum einen dürfen bei der Kundenabsprache keinerlei Zusagen (weder zeitlich noch organisatorisch) ohne Rücksprache mit dem F&B gemacht werden. Es gibt kaum eine peinlichere Situation für ein Hotel, als wenn eine getroffene Absprache nicht eingehalten werden kann und sich dann herausstellt, dass dies von vorneherein auch gar nicht möglich gewesen wäre und durch eine Alternativplanung hätte umgangen werden können. Zum anderen kann der operative Part nur dann professionell ausgeführt werden, wenn sämtliche Informationen durch die Kollegen bei der Kundenabsprache richtig notiert, verarbeitet und weiter gegeben werden. Letztlich muss jedes Hotel für sich entscheiden, wie die Abteilungszuordnung im Einzelfall sinnvoll erscheint. In Großbetrieben sind sogar Tendenzen zu erkennen, das administrative Event-Management weiter auf zu splitten, zum einen in den rein administrativen Teil (Angebot, Vertrag und Reservierungsverwaltung), der dem Sales & Marketing zugeordnet wird. Zum anderen in den Teil, der der Veranstaltungsdurchführung näher steht (Kundenabsprache und Aufbereitung der Informationen für die operativen Abteilungen). Dieser wird dabei funktions- und kostenmäßig Operations zugerechnet.

Ausschlaggebend für den wirtschaftlichen wie imagemäßigen Erfolg eines Hotels ist die grundsätzliche Einstellung des gesamten (administrativen wie operativen) Teams gegenüber Veranstaltungen jeder Art. Selbstverständlich bedeuten Veranstaltungen – insbesondere jene, die kurzfristig geplant wurden – häufig einen immensen Mehraufwand für alle Abteilungen inklusive Dienstplanerweiterungen und Suche nach Aushilfskräften. Als nicht unwesentlich ist allerdings neben dem erzielten Umsatz der Marketingeffekt von erfolgreich durchgeführten Veranstaltungen zu bewerten. So muss beispielsweise den Mitarbeitern und Abteilungsleitern des Restaurants verdeutlicht werden, dass das *Profit Center* „Restaurant" isoliert betrachtet nur in die Gewinnzone geführt werden kann, wenn neben dem Frühstücks- wie À-la-carte-Geschäft Einnahmen aus dem Veranstaltungsbereich vorliegen. Dazu zählen unter anderem Mittagessen als Bestandteil der Tagungspauschale oder aber Gruppen-Abendessen. Auch Zimmerkontingente können in belegungsschwachen Zeiten oft nur durch verbundenes Tagungsvolumen verkauft werden. Für den Erfolg des gesamten Hotelbetriebes sind also die professionelle Abwicklung und die damit verbundenen Einnahmen aus dem Tagungs- und Bankett-Geschäft unverzichtbar, auch wenn dies teilweise organisatorische Höchstleistungen fordert. Der positive Marketingeffekt stellt sich insbesondere dann ein, wenn sich ein Hotel im Laufe der Jahre ein derart gutes Image als Tagungs- und Eventlocation erarbeitet hat, dass der Kunde dieses Image für seine Veranstaltung insofern nutzen möchte, als dass er sein Produkt mit dem Hotelnamen in Zusammenhang bringt. In diesem Fall reduziert sich die Zahl der alternativ angefragten Hotels im Idealfall bis auf null und die Preissensibilität sinkt.

Wie für das gesamte Hotelmarketing, so gilt auch im Event-Management das einst von Conrad Hilton zitierte Erfolgsgeheimnis der Hotellerie: „location, location, location". Dies bedeutet nichts anderes, als dass die Standortwahl bereits ganz klar die Weichen für den Erfolg bzw. Misserfolg eines Hotelbetriebs stellt. Steht das Gebäude erst einmal, ist diese Entscheidung zum einen nicht mehr reversibel, zum anderen lässt sie sich nur durch professionelles und gezieltes Marketing zumindest teilweise ausgleichen. Der Standort eines Hotels wird mehr und mehr zum Auswahlkriterium für die Kunden. Insbesondere im Fall von *Events* oder *Incentives* wird das Hotel zudem nicht isoliert betrachtet. Für Rahmenprogramme, „Damenprogramm" oder für einen „Wow-Effekt" der Teilnehmer, der die Veranstaltung zu einem unvergleichlichen Erlebnis werden lässt, werden immer außergewöhnlichere Ideen und Veranstaltungsorte nachgefragt. Da das Hotelgebäude bei Lektüre dieses Buches in aller Regel bereits existiert, wird der Faktor Standort als eine unveränderliche Konstante betrachtet. Daher sind die in diesem Buch erläuterten Marketingideen und strategischen Vorgehensweisen auf eine effektive Nutzung der vorhandenen Ressourcen ausgelegt. Unter Umständen kann das Hotel bereits selbst eine zum Tagungsraum umgebaute Scheune, ein Kellergewölbe für gemütliche Abendessen oder ein interessantes Unterhaltungsprogramm anbieten. So lässt sich beispielsweise der große Erfolg von Tagungshotels mit kombiniertem Zusatzangebot erklären. Prominente Beispiele sind die Themenhotels des Europa Parks in Rust mit seinem erfolgreichen „Confertainment"-Konzept oder aber das Estrel in Berlin. Nachstehend ein Pressetext, der die Verknüpfung der einzelnen Elemente zu einem Gesamtkonzept verdeutlicht:

PRAXISBEISPIEL

Unter dem Motto „Tagen, Wohnen, Entertainment – Alles unter einem Dach" bietet das Estrel Berlin, Europas größter Convention-, Entertainment- & Hotel-Komplex, seinen Gästen einzigartige Tagungsmöglichkeiten im multifunktionalen Estrel Convention Center, Unterhaltung auf internationalem Niveau mit Berlins erfolgreichster Show „Stars in Concert" im Estrel Festival Center und einen 4-Sterne plus Service im Estrel Hotel, das mit 1.125 Zimmern und Suiten Deutschlands größtes Hotel ist. Zusammen mit der leistungsstarken Gastronomie und der bei zahlreichen Großveranstaltungen erprobten Logistik ist dieses Konzept, das Estrel-Inhaber Ekkehard Streletzki in Anlehnung an Vorbilder in den USA entwickelt hat, zu einer bedeutenden Visitenkarte Berlins geworden und hat sich auf dem internationalen Kongressmarkt längst einen Namen gemacht.

Im Oktober 1994 wurde das Estrel Hotel – als erster Teil des Komplexes – eröffnet und präsentiert sich seitdem mit 1.125 individuell ausgestatteten Zimmer und Suiten, die in vier Flügeln des Gebäudes untergebracht sind. Verbunden werden die Flügel durch das 2.800 m² große, 13 Meter hohe und glasüberdachte Atrium, das den Gästen mit seinen vielfältigen gastronomischen Einrichtungen, den meterhohen Bäumen und dem großen Keramikbrunnen als Ort der Begegnung und des Verweilens dient. Ein Minimarkt, die SIXT-Autovermietung und das Business- Center runden das Serviceangebot ab. Zudem besitzt das Estrel im Biergarten einen eigenen Bootsanleger, von dem aus Stadtrundfahrten und Schiffstouren angeboten werden, sowie einen hoteleigenen Bahnhof, der Gästegruppen die An- und Abreise mit Charterzügen der Deutschen Bahn von allen deutschen Städten aus ermöglicht.

Für kleinere Häuser dürften hingegen in den meisten Fällen keine entsprechenden Räumlichkeiten oder spektakulären Freizeitangebote direkt im Hotel zur Verfügung stehen. Um dennoch konkurrenzfähig zu sein, empfiehlt sich die Kooperation mit ortsansässigen Partnern. Die Angebote sollten für den Kunden im Paket zu einem Gesamtpreis inklusive aller Einzelleistungen erfolgen. Dabei gilt: Je bequemer die Organisation und je besser kalkulierbar die Kosten für den Kunden desto erfolgversprechender das Angebot. Ideen für die angedeuteten Zusatzangebote sind ein originalgetreu nachempfundenes Ritteressen, ein Kochevent – beispielsweise in einem Küchenstudio – oder auch ein Outdoor-Teambuilding.

Personaleinsatz 2

2.1 ■ Berufsbild Event-Manager

Die Zusammenstellung wie auch die begleitende Organisation der besprochenen hotelinternen und -externen Angebote obliegt dem Event-Manager. Allerdings wird diese Position, die höchstes Organisationstalent und strategisches Denken erfordert, oft selbst im eigenen Hotel missinterpretiert. Dabei stellen sich die Kollegen in den operativen Abteilungen die Frage: „Was macht eigentlich ein Event-Manager in einem internationalen Hotel den ganzen Tag über?" Allein der Titel verheißt die Teilnahme an Cocktail-Empfängen, die Vorbereitung der Feierlichkeiten für ein glückliches Brautpaar, die Planung und Gestaltung aufwändiger Dekorationen oder ähnliches. Der Alltag sieht aber meist anders aus. Der Beruf des Event-Managers verdient höchsten Respekt. Er gehört zu den anspruchsvollsten und nervenaufreibendsten Tätigkeitsfeldern in der gesamten Hotellerie. Der Event-Manager stellt den Knotenpunkt zwischen Tagungsplaner, Veranstaltungs- oder Gruppenleiter und dem operativen Part der Event-Abteilung dar. Dabei muss er nicht gerade selten Fähigkeiten eines Puzzle-Meisters unter Beweis stellen.

Nicht jeder Verhandlungspartner hat bereits Erfahrung in der Organisation von Tagungen oder Banketten. So würde die Anfrage im Idealfall detailliert mit Personen- und Zeitangaben sowie einer Auflistung aller notwendigen Dekorationen und technischer Ausstattung vorliegen. In der Realität jedoch muss der Event-Manager häufig geradezu detektivisches Gespür dafür entwickeln, sämtliche Einzelheiten des Events abzuklären und dabei kein noch so unwichtig erscheinendes Detail zu übersehen. Hilfreich kann dabei eine Checkliste sein. Erst wenn wirklich alle Einzelheiten vergleichbar mit Puzzleteilen zusammengesetzt wurden, kann das Kunstwerk vollendet werden. Ein erfolgreicher Event-Manager kann also nach gewisser Zeit eine regelrechte Galerie an Kunstwerken vorweisen.

Eine der wichtigsten Fähigkeiten, die ein Event-Manager neben Belastbarkeit (siehe Kapitel 9.3), Teamfähigkeit (siehe Kapitel 9.4) und Kreativität mitbringen muss, ist Organisationstalent und somit die Fähigkeit zu strukturiertem Arbeiten. Angesichts der Vielzahl einzelner Informationen und gleichzeitiger Planung verschiedenster Veranstaltungen ist eine (vom gesamten Team nachvollziehbare) Dokumentation unerlässlich. Gerade in der schnelllebigen Hotellerie, in der Positionen mitunter sehr kurzfristig ausgetauscht werden, muss eine lückenlose Aufzeichnung sämtlicher Korrespondenz mit dem Kunden geführt werden. Im operativen Veranstaltungsbereich kann ein Event nur dann reibungslos und professionell durchgeführt werden, wenn eine vollständige Weitergabe aller vorliegenden Informationen sicher gestellt ist. Dabei hilft ausgereifte Hotelsoftware bei der internen Verwaltung relevanter Veranstaltungsdetails. Sind für eine geplante Veranstaltung alle Fragen mit dem Kunden abgeklärt, werden die Einzelheiten in einem regelmäßig stattfindenden Meeting zwischen administrativer und operativer Event-Abteilung (siehe Kapitel 7.1) besprochen. Bei umfangreicheren und anspruchsvolleren Veranstaltungen ist es hilfreich, wenn der Bankettleiter oder auch der Küchenchef (beispielsweise in der Vorbereitung von Gala-Veranstaltungen) an der letzten Kundenabsprache persönlich teilnimmt. Je professioneller ein Hotel arbeitet, desto detaillierter sind die Informationen, die sämtlichen operativen Abteilungen weiter gegeben werden. So wird beispielsweise der Rezeption die wahrscheinliche Ankunftszeit ebenso mitgeteilt wie die Tatsache, dass die Tagungsteilnehmer individuell anstatt gemeinsam als Gruppe anreisen werden. Die Hotelbar erhält die Information, dass die Gruppe bis ca. 22 Uhr ein Abendessen außer Haus geplant hat. Somit ist abzusehen, dass die Gruppenmitglieder nach der Rückkehr ins Hotel einen „Schlummertrunk" an der Bar nehmen werden und infolgedessen ausreichend Personal eingeplant werden sollte.

Es bleibt fest zu halten, dass die Aufgaben eines Event- Managers manchmal durchaus stressig sein können. Dafür wird er sich aber auch nie über einen eintönigen und langweiligen Arbeitstag beklagen können. Und was gibt es Schöneres, als nach dem erfolgreichen Ablauf einer Tagung, eines Bankettes oder auch einer Produktpräsentation voller Stolz gemeinsam mit dem Kunden auf ein komplettiertes Puzzle zu blicken?!

Ein Event-Manager verfügt also einerseits über einen guten Einblick in die Gästewünsche und hotelbetrieblichen Anforderungen und andererseits über strategisches Denken. Das Hotelmanagement tut demnach gut daran, ihn in unternehmerische Umstrukturierungen einzubeziehen. Diese Umstrukturierungen können sich auf bautechnische Maßnahmen ebenso wie auf Marketingstrategien beziehen. Hier sitzt ein schlummerndes Potential, das leider oft nicht genutzt wird.

■ Ausbildung und Qualifikation   2.2

Wie bereits angesprochen gehören Belastbarkeit (siehe Kapitel 9.3), Teamorientierung (siehe Kapitel 9.4) und Organisationstalent unbestritten zu den wichtigsten Eigenschaften, die ein Mitarbeiter in der Event-Abteilung eines Hotels mitbringen muss. Der potentielle Mitarbeiter sollte Freude an stetig wechselnden Arbeitsanforderungen haben sowie Kreativität bei der Gestaltung und Konzeption von Veranstaltungen zeigen. Das hierfür nötige Fachwissen kann auf verschiedenen Wegen erworben werden. Dazu gehören neben Grundlagen im F&B-Management (z. B. Menü- und Weinberatung bei Banketten), EDV-Wissen in den gängigen Software-Versionen ebenso eine exzellente Fachkenntnis in der

Organisation und Durchführung von Veranstaltungen jeder Art. So ist beispielsweise ein in der Planung unerfahrener Kunde dringend auf den fachlichen Rat des Hotelmitarbeiters angewiesen, wenn es um die Bestuhlungsform im Tagungsraum, nötige Setup- und Umbauzeiten oder die Gestaltung des Rahmenprogrammes geht. Allein an der Komplexität und verschiedenartigen Zusammensetzung der aufgezählten Arbeitsbereiche lässt sich erkennen, wie breit gefächert eine fundierte Fachausbildung im Event-Management sein sollte. Doch genau hier finden sich in der betrieblichen Praxis erhebliche Ausbildungslücken. Ein Großteil der Mitarbeiter in der Event-Abteilung kommt als Quereinsteiger aus den Ausbildungsberufen Hotelfachmann, Hotelkaufmann oder Restaurantfachmann. Sie haben sicherlich eine solide Grundausbildung sowie einen guten Überblick über das Hotelgeschehen im Allgemeinen. Die tatsächliche Fachkenntnis müssen sie sich aber im Laufe der Zeit durch die Praxis aneignen. Es bleibt also fest zu halten, dass es in der Hotellerie leider bis heute keinen spezialisierten Ausbildungszweig für Event-Mitarbeiter bzw. -manager gibt. Eine noch junge Entwicklung stellt das Berufsbild Veranstaltungskaufmann (IHK) dar. Um sich selbst zum Spezialisten fortzubilden, bietet die Praxis zwei Möglichkeiten: 1. Berufliche Fort- und Weiterbildung (hierbei insbesondere mit Abschluss Veranstaltungsfachwirt (IHK). 2. Fachwirt Tagungs-, Kongress und Messewirtschaft (IHK)), zweitens Studiengänge mit staatlich anerkanntem Abschluss. In den Bachelor- und Masterstudiengängen wird auf die Interdisziplinarität des Event-Managements eingegangen. So werden Fächer wie Marketing, Food-and-Beverage-Management und Hospitality-Management, Ökologie-Management und EDV ebenso unterrichtet wie Veranstaltungs-Management und -Budgetierung. Vielfach werden die Studiengänge in englischer Sprache unterrichtet. Dadurch wird der internationale Charakter der Ausbildung in den Vordergrund gestellt. Nachstehend eine Auflistung wichtiger Branchenadressen:

INFO

Fort- und Weiterbildung im Event-Management

DeGefest Deutsche Gesellschaft zur Förderung und Entwicklung des Seminar- und Tagungswesens e. V.	www.degefest.de
ebam GmbH München	www.ebam.de
IFH Frankfurt	www.ifh-worldwide.com

IST Studieninstitut für Kommunikation GbR Düsseldorf	www.ist-komm.de
Medien- und Event-Akademie Baden-Baden	www.medien-und-event-akademie.de
VDR-Akademie	www.vdr-service.de Frankfurt
Veranstaltungsplaner.de Vereinigung Deutscher Veranstaltungsorganisatoren e.V.	www.veranstaltungsplaner.de

Akademische Ausbildung für den Schwerpunkt Eventmanagement mit Akkreditierung

Angell Akademie Freiburg	www.angell.de
Angell Business School Freiburg	www.angell.de
Berufsakademie Ravensburg/ Duale Hochschule Baden-Württemberg/ Ravensburg	www.ba-ravensburg.de
Euro-Business-College	www.euro-business-college.de
Fachhochschule Worms	www.fh-worms.de
Heidelberg International Business Academy	www.hib-academy.de
Internationale Fachhochschule Bad Honnef – Bonn	www.fh-bad-honnef.de
International School of Management Dortmund	www.ism.de
International Business School Berlin	www.ibsberlin.com
Merkur Internationale Fachhochschule Karlsruhe	www.merkur-fh.org
Technische Universität Chemnitz	www.tuced.de

Es gilt zu beachten, dass die oben aufgeführten Kontaktlisten keinen Anspruch auf Vollständigkeit erheben. Viel mehr spiegeln sie einen Auszug des inzwischen am Markt breit gefächert angebotenen Qualifizierungsangebotes wider. Dadurch, dass das Berufsbild des Event-Managers immer komplexer wird und die Anforderungen weiter steigen werden, ist auch zukünftig mit einer Ausweitung des Angebots für Aus- und Weiterbildung bzw. akademische Bildung zu rechnen.

Es bleibt festzuhalten, dass sich die Investition in eine fundierte Berufsbildung im Event-Management auszahlt, da Spezialisten in diesem Feld in der Hotellerie rar sind und oft händeringend gesucht werden. Der Arbeitsmarkt für Eventspezialisten sieht momentan sehr gut aus. Daran wird sich wohl auch in Zukunft nicht viel ändern, da sämtliche langfristige Prognosen von einem mindestens gleich bleibenden Tagungsumsatz in der Hotellerie ausgehen. Anders betrachtet wird der Bedarf an Spezialisten tendenziell noch größer werden, da die Anforderungen der Kunden in Bezug auf die Planung von Events und Incentives steigen werden und diesen ohne entsprechende Fachkenntnis nur schwer entgegnet werden können. Teils noch mehr als in anderen Hotelbereichen, muss in der Event-Abteilung Zeitdruck mit Professionalität und Organisationsgeschick ausgeglichen werden. Dies ist in der Praxis nur mit qualifiziertem Personal zu bewältigen.

2.3 ■ Training

Insbesondere für sogenannte „Quereinsteiger" – also Mitarbeiter, die von anderen Abteilungen des Hotels in die Event-Abteilung wechseln und keine fachspezifische Ausbildung durchlaufen haben – sind tiefgreifende und regelmäßig wiederholte Trainings unabdingbar. Wie bereits erläutert, ist das Aufgabengebiet und das benötigte Detailwissen eines Event-Mitarbeiters derart komplex, wie in kaum einem anderen Hotelbereich. Während für den Tagungsbereich die Bestuhlungsformen, Kapazitäten oder Zusammensetzungen von Tagungspauschalen durchaus durch Auswendiglernen angeeignet werden können, ist dies im Bereich von Galaveranstaltungen und *Social Events* kaum möglich. Jede Kundenabsprache ist in Bezug auf Menüauswahl, Raumdekoration und Veranstaltungsablauf derart individuell, dass hier nur mit persönlicher Erfahrung gepunktet werden kann. Emotionen, die durch großartige Events hervorgerufen werden sollen, können nicht gelernt, sondern nur erlebt werden. So ist es unabdingbar, dass die administrativen Mitarbeiter erstens zu Beginn ihrer Tätigkeit für einen bestimmten Zeitraum (beispielsweise 1 – 2 Wochen) im Rahmen eines *Cross-Trainings* in den operativen Bankettbereich wechseln und zweitens regelmäßig bei großen und aufwändig inszenierten Veranstaltungen selbst anwesend sind. So werden einerseits die erwähnten Emotionen selbst erlebt und den zukünftigen potenziellen Gästen authentisch weitergegeben. Andererseits schärft sich der Blick für den operativen Ablauf. Der administrative Mitarbeiter kann besser einschätzen, was technisch und personell tatsächlich überhaupt durchführbar ist und wird dem Organisator so keine Versprechen machen, die nicht einzuhalten sind. Beispielsweise wird ein Mitarbeiter, der selbst beim Umbau des Ballsaals vom Tagungsraum zum Galadinner mitgeholfen hat und dafür eineinhalb Stunden benötigt wurden, niemals eine Zeitspanne von einer halben Stunde für diese Aktion zusichern.

Eine weitere Möglichkeit, die Sinne der Event-Mitarbeiter für das zu präsentierende Angebot zu schärfen, sind *Taste Panels*. Hier hat zumeist das gesamt Event-Team die Möglichkeit, einzelne Menüfolgen oder auch komplette Büfettkreationen und die korrespondierenden Weine selbst zu probieren. Denn nur ein Mitarbeiter, der das Menü bzw. den Wein nicht nur vom Wortlaut kennt, sondern auch ein persönliches Geschmackserlebnis damit verbinden kann, ist in der Lage, eine professionelle Beratung hinsichtlich der Menüauswahl zu leisten. Über die fachliche Schulung hinausgehend, haben Taste Panels den überaus positiven Nebeneffekt der Mitarbeitermotivation. Neben der Tatsache, dass die Teilnahme an einem eigentlich für Gäste gedachten Essen anstatt des täglichen Kantinenbesuchs von vielen Mitarbeitern mit einem Bonus gleichgesetzt wird, kann ein *Teambuilding*-Effekt erzielt werden. Alle Abteilungsmitarbeiter verbringen eine Mittagspause oder einen Abend im Team in geselliger Runde. Wird hier eine ansprechende Präsentation der Speisen gewählt – also nicht unbedingt stehend im Kücheneck, sondern bei einfacher aber herzlicher Tischdekoration im Restaurant oder Tagungsraum – bekommt das eigentliche Training den Charakter einer Belohnungsveranstaltung für das Team. Geschickt organisiert erreicht die Hotelführung mit einem Taste Panel also neben Wissensvermittlung auch eine Motivationssteigerung.

Die zu trainierenden Aufgabengebiete umfassen neben Faktenwissen über die vorhandenen Räumlichkeiten und das kulinarische Angebot ebenso Büroorganisation (siehe Kapitel 3), Verkaufsgeschick (siehe Kapitel 4.5) sowie die technische Ausstattung (siehe Kapitel 8). Für eine Vielzahl an Trainingsgebieten eignet sich die Technik des Rollenspiels hervorragend. Hier können verschiedenste Situationen im Umgang mit Gästen von den Mitarbeitern selbst geübt werden. Beispiele sind die Durchführung einer Kundenabsprache, Hausführungen oder auch Gästebeschwerden. Dabei werden die Mitarbeiter in Gruppen nach zu spielenden Hotelangestellten bzw. Gästen eingeteilt und Eckdaten zum jeweiligen Gespräch vorgegeben. Erst wenn man vor dem eigenen Team spontan auf das Gegenüber eingehen und professionell reagieren muss, macht man sich tatsächlich Gedanken über die beste Verhandlungstaktik und ein Trainingseffekt stellt sich ein. Wird das Rollenspiel mit einer Videokamera aufgenommen, erfolgte eine Analyse im Team und jeder einzelne

Mitarbeiter kann die Verbesserungsvorschläge im Sinne seiner Persönlichkeitsentwicklung nutzen. Sollte eine derartige gespielte oder ähnliche Situation jemals im wahren Hotelalltag auftreten, wird sich der Mitarbeiter an das Rollenspiel und die im Anschluss daran vom Team erarbeiteten Richtlinien im Umgang mit der Situation erinnern. Somit wird der Mitarbeiter dem Gast souverän und exzellent vorbereitet gegenübertreten. Des Weiteren lassen sich durch diesen systematischen Ansatz neben allgemeiner Schulung insbesondere persönliche Schwachstellen eines jeden Mitarbeiters aufdecken und gezielt eliminieren.

Ein weiterer Trainingsaspekt kommt in der Hotellerie leider häufig zu kurz. Zwar werden die Mitarbeiter der Event-Abteilung fachgerecht geschult, die Information und Schulung der übrigen Hotelangestellten aber vernachlässigt. Es sollte dabei aber nicht übersehen werden, dass außerhalb der Bürozeiten keine Event-Mitarbeiter bei Gästerückfragen erreichbar sind. Hier werden dann in der Regel die Empfangs- oder Restaurantmitarbeiter ins Gästegespräch eingebunden. Verbringt beispielsweise der Topmanager eines größeren Unternehmens einen gelungenen privaten Wochenendaufenthalt in einem Hotel, so kann es durchaus vorkommen, dass er bei der Abreise am Sonntagmorgen den Empfangsmitarbeiter nach den Tagungsmöglichkeiten für das nächste Vorstandsmeeting fragt. Selbstverständlich ist es dabei einerseits sinnvoll, mehrere Exemplare der Tagungsmappe (siehe Kapitel 5.1) an der Rezeption zu hinterlegen und dem Gast auf Nachfrage auszuhändigen, andererseits vermittelt das Hotel einen ungleich professionelleren Eindruck, wenn alle Mitarbeiter im direkten Gästekontakt über herausragende Details im Bankettbereich Bescheid wissen. Außerdem ist auch hier wieder die persönliche Teilnahme an bestimmten Veranstaltungen und die Mitnahme eigener Emotionen von unschätzbarem Wert im Kundengespräch. Natürlich können dabei nur generelle Informationen weitergegeben werden, Vakanzen und Detailabsprachen müssen im Gespräch mit den Event-Mitarbeitern geklärt werden. Professionell erscheint in diesem Zusammenhang die strukturierte Aufnahme und Weiterleitung der Kontaktdaten sowie Rahmeninformationen zur geplanten Veranstaltung. So kann der Event-Mitarbeiter direkt zu Beginn der Arbeitswoche den Wochenendgast kontaktieren, ohne dass dieser erneut von seiner Seite aus auf das Hotel zukommen muss.

2.4 ■ Aufgabenverteilung

Für das administrative Event-Management in der Hotellerie gelten als oberste Prioritäten professionelle Organisation und klare Strukturen. Vielfach wird diese Hotelabteilung auch als Schaltzentrale zwischen dem Kunden und den übrigen Hotelabteilungen dargestellt. Wie in Kapitel 7 näher erläutert, muss der Event-Manager die Kundeninformationen aufbereitet und strukturiert an die jeweils entsprechenden Abteilungen weiterleiten, um einen reibungslosen Veranstaltungsablauf gewährleisten zu können. Während intern oft eine klare Aufgabenverteilung auf verschiedene Hierarchieebenen von Vorteil sein kann, sollte als oberster Grundsatz „nur 1 Ansprechpartner für den Kunden" gelten. Das heißt, der Kunde soll sich nicht bei jedem Kontakt neue Namen, Gesichter und Titel merken müssen, sondern stets vom selben Mitarbeiter betreut werden. Dieser sorgt dann wiederum zuverlässig dafür, dass die gewünschten Informationen zusammengestellt bzw. Wünsche und Änderungen in den internen Veranstaltungsablaufplan eingearbeitet werden. Eine Vielzahl an Veranstaltungsorganisatoren auf Kunden- und Agenturseite gibt an, diese Politik des einen Ansprechpartners für sämtliche Belange habe für sie entscheidende Priorität bei der Wahl des Tagungshotels. In der logischen Konsequenz wurde die Einhaltung dieses dringenden Kundenwunsches auch auf Anbieterseite inzwischen größtenteils beherzigt.

Stellenwert des Veranstaltungs-Service bei den Anbietern

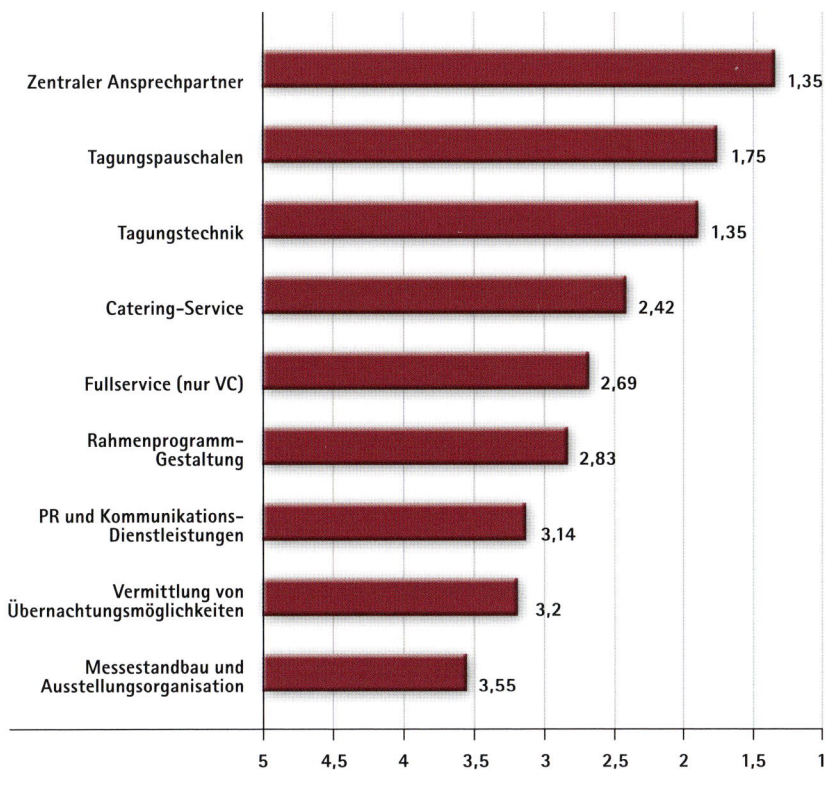

Zentraler Ansprechpartner	1,35
Tagungspauschalen	1,75
Tagungstechnik	1,35
Catering-Service	2,42
Fullservice (nur VC)	2,69
Rahmenprogramm-Gestaltung	2,83
PR und Kommunikations-Dienstleistungen	3,14
Vermittlung von Übernachtungsmöglichkeiten	3,2
Messestandbau und Ausstellungsorganisation	3,55

5   4,5   4   3,5   3   2,5   2   1,5   1

5 = sehr niedrig   3 = Durchschnitt   1 = sehr hoch

Meeting- und Event-barometer 2008 des EIWT (Europäisches Institut für Tagungs-wirtschaft GmbH an der Hochschule Harz)

Wie allgemein in der Hotellerie üblich, so werden selbstverständlich auch im administrativen Event-Management wohlklingende englische Titel und Aufgabenbezeichnungen verwendet. Am gängigsten sind in diesem Bereich folgende bzw. ähnliche Bezeichnungen:

INFO

Event-Assistant		
Event-Coordinator	Event-Sales-Coordinator	
Event-Manager	Event-Sales-Manager	Convention-Sales-Manager
Director of Events	Director of Event Sales	Director of Convention Sales

Generell ist der Event-Assistant für die Sekretariats-Aufgaben wie Telefondienst, Kundenkorrespondenz und die Büroorganisation verantwortlich. Der Event-Coordinator übernimmt – wie der Titel bereits impliziert – die Koordination der Veranstaltungen. Damit ist die Sammlung aller relevanten Informationen und deren strukturierte Weiterleitung an die entsprechenden Abteilungen gemeint. Des Weiteren kann gegebenenfalls die Organisation von hotelfremden Leistungen (beispielsweise Bustransfers, Theaterkarten, Freizeitprogramm) hinzu kommen. Im Anschluss an die Veranstaltungsdurchführung prüft der Event-Coordinator die Rechnung inkl. der Einzelbelege und eventuell stornierter bzw. nicht genutzter Hotelzimmer. Erst mit seinem Einverständnis wird die Rechnung an den Kunden versandt. Der Event-Manager ist für die Quotierung zuständig. Bei eingehenden Veranstaltungsanfragen prüft er Verfügbarkeiten im Tagungs- und Zimmerbereich. Der anzubietende Preis wird insbesondere bei wichtigen Großveranstaltungen in Kooperation mit dem Reservierungsleiter und dem Director of Events abgesprochen – siehe dazu Kapitel 6.1. Dem Director of Events obliegt neben dieser teilweisen Angebots- und Auftragsbegleitung die Budgetierung, die generelle Abstimmung mit den anderen Abteilungsleitern sowie das Personalmanagement. Der für den Kunden so wichtige eine Ansprechpartner wird in der Regel durch den Event-Coordinator bzw. den Event-Manager gestellt. Selbstverständlich soll diese Aufstellung der Aufgabengebiete der einzelnen Hierarchien lediglich einen Auszug ohne Anspruch auf Vollständigkeit oder Allgemeingültigkeit darstellen. Darüberhinaus bestimmen Art und Größe des jeweiligen Hotels, wie viele Mitarbeiter in derselben Hierarchieebene arbeiten bzw. ob Positionen zusammengelegt werden. Verwiesen sei jedoch ausdrücklich auf die Unverzichtbarkeit auf klare Strukturen, um die Fülle an Einzelinformationen korrekt verwalten und nutzen zu können.

Zusammengefasst kann die Aufgabenverteilung innerhalb des kompletten Hotelgefüges in folgendem Organigramm dargestellt werden:

Hierarchien im Event-Management innerhalb des Hotelgefüges

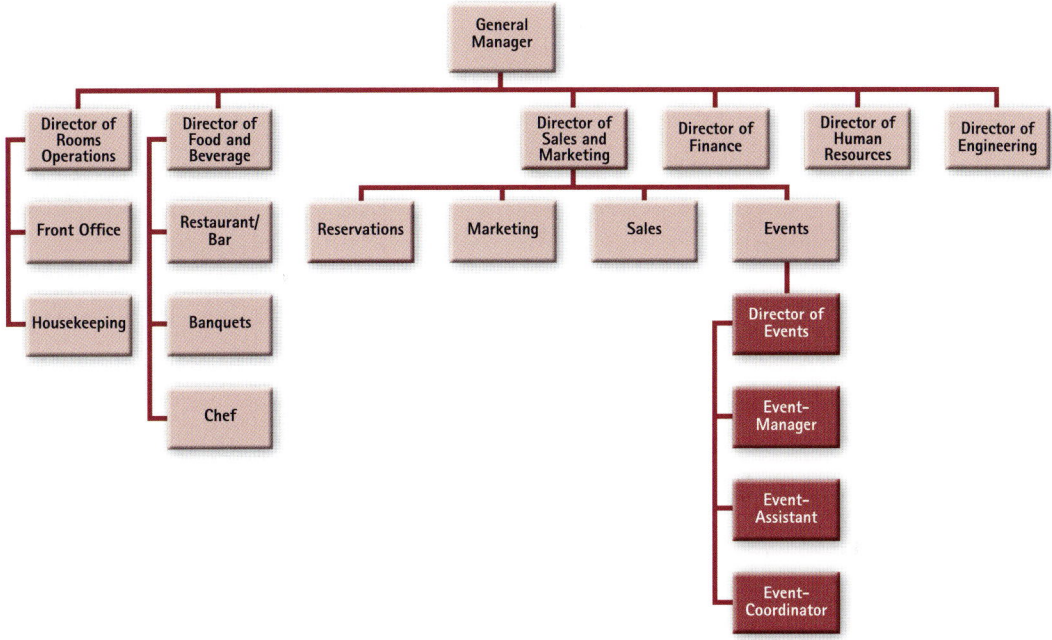

In großen, aufs Tagungsgeschäft spezialisierten Hotels sind mittlerweile verschiedene Weiterentwicklungen des obigen Organigramms zu beobachten. So soll eine noch effizientere Arbeitsweise sowie noch mehr Professionalität für den Kunden gewährleistet werden. Teilweise werden Veranstaltungsanfragen nach ihrem Schwerpunkt (reine Konferenz- oder kombinierte Konferenz-Hotelzimmer-Anfragen) oder ihrem Buchungsvolumen bzw. Umsatz einem bestimmten Coordinator oder Manager zugeordnet. Ein anderer Ansatz der Weiterentwicklung ist bei Marriott Int. zu finden. Hier erfolgt eine prozessorientierte Einteilung. Das sogenannte „Event Booking Center" nimmt Anfragen entgegen und bearbeitet sie bis zur Unterzeichnung des Veranstaltungsvertrages. Das „Event-Management" begleitet mit seinem Team den Kunden im Anschluss durch die Detailabsprache bis hin zur Veranstaltungsdurchführung. Auch dabei wird die oberste Priorität gewahrt: Je Prozessschritt wird der Kunde mit nur einem Ansprechpartner konfrontiert.

2.5 ■ Zusammenfassung Personaleinsatz

■ Ein erfolgreicher Event-Manager verfügt neben fundierten Fachkenntnissen über die Eigenschaften Belastbarkeit, Teamfähigkeit, Kreativität und Organisationstalent.

■ Kein Arbeitstag eines Event-Managers gleicht dem anderen – Abwechslung und facettenreiche Aufgaben sind garantiert.

■ Viele Mitarbeiter der Event-Abteilung sind üblicherweise Quereinsteiger – Fachwissen können sie sich mit inner- und außerbetrieblicher Fort- und Weiterbildung aneignen.

■ Mehr und mehr werden fachspezifische Ausbildungswege an privaten wie öffentlichen Einrichtungen sowie an Hochschulen angeboten. Die Investition in eine fundierte Ausbildung rechnet sich angesichts der dringend gesuchten Eventprofis garantiert!

■ Innerbetriebliche Trainings können Cross Trainings, Taste Panels (verbindet Wissensvermittlung mit Mitarbeitermotivation!) und Rollenspiele enthalten.

■ Nur Event-Manager, die neben Faktenwissen zu den Räumlichkeiten, dem kulinarischen Angebot und der technischen Ausstattung über geschulte Verkaufstechniken verfügen, werden mit professionellen Veranstaltungsorganisatoren auf Augenhöhe stehen.

■ Um den professionellen Gesamteindruck des Hotels zu verstärken, sollten dringend auch die anderen Abteilungen mit direktem Gastkontakt derart geschult werden, dass sie jederzeit Gästefragen zum Tagungs- oder Bankettbereich souverän beantworten können.

■ Die allgemein übliche Hierarchieordnung umfasst die Ebenen Event-Assistant, Event-Coordinator, Event-Manager sowie Director of Events.

■ Wie auch immer die interne Aufgabenverteilung organisiert sein mag, ein Grundsatz muss dabei oberste Priorität genießen: Der Kunde darf nur einen Ansprechpartner haben. Dieser bündelt sämtliche Informationen und stellt dabei die „Schaltzentrale" dar.

Büroorganisation ③

3.1 ■ Allgemeine Büroorganisation

Die allgemeine Büroorganisation sollte eigentlich so selbstverständlich wie selbsterklärend sein. Doch da in der Praxis hier häufig Missstände zu beobachten sind, wird speziell auf dieses Thema nachstehend näher eingegangen.

Sauberkeit, Ordnung und – damit verbunden – Übersichtlichkeit bilden die Basis der Büroorganisation. Dazu gehören aufgeräumte Schreibtische, ein Ablagesystem, das erstens eingehalten und zweitens von jedem Abteilungsmitarbeiter durchschaut wird, sowie eine Büroatmosphäre, die einem zufällig eintretenden Kunden jederzeit ein Bild von Professionalität vermitteln würde. Für die physische Ordnung – insbesondere das Ablagesystem – empfiehlt es sich, Standards und Arbeitsprozesse allgemeingültig fest zu legen und diese dann in einem Leitfaden inkl. Checklisten für die Mitarbeiter zusammen zu fassen. Um den „aufgeräumten" Eindruck weiter positiv zu verstärken, empfiehlt es sich, Pflanzen, Dekorationsgegenstände und gegebenenfalls Urkunden bzw. Auszeichnungen einzelner Mitarbeiter oder des gesamten Teams einzubringen. Um dieses Erscheinungsbild bestmöglich gleichsam einer „Visitenkarte" der Event-Abteilung zu gestalten, sind bereits einige große Hotels dazu übergegangen, spezielle Kundenräume einzurichten. Das bedeutet, dass die Veranstaltungsabsprachen mit dem Kunden nun nicht mehr in der oft hektischen Hotellobby oder gar in den eigentlich für Kunden unzugänglichen Büroräumen stattfinden müssen. Statt dessen wird er im „Event-Center" begrüßt. Dabei ist teilweise architektonisch ein kleiner Essbereich, eventuell. sogar inkl. Kochnische integriert. Hier können dann längere Gespräche kulinarisch untermalt oder komplette *Taste Panels* abgehalten werden.

Der nächste Schritt hin zur perfekten „Visitenkarte" des Hauses ist die Kleiderordnung der Event-Mitarbeiter. Da hier in der Regel keine Uniformen zum Einsatz kommen, ist jeder Mitarbeiter selbst für sein Erscheinungsbild verantwortlich. Auch in diesem Bereich ist es ratsam, einen allgemein gültigen Leitfaden zu entwickeln (wird meist von der Personalabteilung fürs gesamte Hotel erstellt) und diesen neuen Mitarbeitern spätestens an ihrem ersten Arbeitstag verbindlich ans Herz zu legen. Mögliche Themen sind hier neben allgemeiner Körperpflege in der Haarlänge und -farbe, Frisuren, Schmuck, Tatoos und Piercings sowie natürlich der Kleidung zu sehen. Bei der Kleidung können Rocklängen, Krawattenpflicht oder Farbkombinationen vorgegeben sein. Insbesondere falls es sich um ein Tagungshotel der gehobenen Kategorie im 4- oder 5-Sterne-Bereich handelt, ist es unabdingbar, dass das Erscheinungsbild der Event-Mitarbeiter den Charakter des Hauses widerspiegelt. So wird ein Designhotel wohl auch einen eher lässigen oder coolen Look der Mitarbeiter tolerieren oder gar unterstützen. In der klassischen Luxushotellerie wird aber wohl der schwarze Anzug bzw. das Kostüm am meisten Akzeptanz finden. Als Fazit hat jedes Hotelmanagement individuell festzulegen, in wieweit in die Privatsphäre der Mitarbeiter eingegriffen werden soll oder muss, um den Stil des Hauses zu repräsentieren. Der darauf basierende Leitfaden muss dann aber auch konsequent in allen Hierarchie-ebenen eingehalten werden. Unterstützend könnten vom Hotelmanagement für alle (weiblichen) Angestellten Typ- und Schminkberatungen angeboten werden.

Mindestens ebenso wichtig ist neben dem äußeren Erscheinungsbild die Telefonetikette. Auch hier vermittelt der erste Eindruck unweigerlich Rückschlüsse auf den Standard des gesamten Hauses. Oberste Priorität hat die schnellstmögliche Beantwortung jedes An-rufes. Beantwortung bis spätestens zum dritten Klingelzeichen hat sich hier als Richt-wert etabliert. Viele Kunden würden sonst entnervt auflegen und nach einem weiteren Misserfolg schlimmstenfalls gar nicht mehr anrufen, sondern die Anfrage beim Konkur-renten platzieren. Technisch sind heute mit Sammelrufen, Telefonzentralen etc. einige Möglichkeiten geboten, um eine kurze Wartezeit zu realisieren. Sind Warteschleifen nicht zu vermeiden, ist hier entweder eine wirklich angenehme Melodie oder – besser noch – eine Bandansage mit aktuellen Hotelinformationen und Angeboten zu empfehlen. Die Entgegennahme des Telefonanrufs erfolgt mit Nennung des Tagesgrußes (z. B. Guten Tag, Guten Abend), des Hotelnamens sowie des eigenen Namens. Selbstverständlich muss hier ebenso wie im persönlichen Gespräch neben allgemeiner Freundlichkeit darauf geachtet werden, sich den Namen des Gastes bei seiner Vorstellung zu merken oder – besser noch – zu notieren. So kann die personifizierte Anrede bei weiteren Gelegenheiten in das Gespräch eingebunden werden und der Gast bekommt das Gefühl höchster Wert-schätzung vermittelt. Ein Tipp für eine besonders freundliche Telefonstimme ist das bewusste Lächeln während des Gesprächs. Ein Lächeln beeinflusst den Klang der Stimme positiv! Ist der gewünschte Gesprächspartner nicht zu sprechen, sollte dieser entweder – wenn der Zeitraum nur kurz ist – seine Mailbox zur Nachrichtenaufnahme aktivieren oder die Kollegen bitten, zuverlässig Notizen zum Gesprächswunsch inkl. gewünschter Rückrufzeit aufnehmen. Niemals darf der Kunde gleichsam abgewimmelt werden mit dem Kommentar, der gewünschte Gesprächspartner wäre nicht erreichbar, er solle den Anruf doch einfach später erneut versuchen. Dies kann bereits der Moment sein, in dem potenzielles Umsatzvolumen an die Konkurrenz verloren geht.

Wie auch in anderen Hotelbereichen, ist Informationsaustausch von entscheidender Bedeutung für den Erfolg des gesamten Event-Teams. Tägliche kurze bzw. wöchentliche lange Abteilungsmeetings sollen der Informationsweitergabe an die Kollegen dienen. Kommt eine Rückfrage zu einer Veranstaltung und der eigentliche Ansprechpartner ist nicht erreichbar, so können nur gut informierte Kollegen Auskunft geben bzw. Änderungen professionell in den Veranstaltungsablauf einarbeiten. Jeder sollte also zumindest einen groben Überblick über angefragte oder ferne Veranstaltungen und einen detaillierten Einblick in laufende oder baldige Veranstaltungen haben. Bei geplanten Fehlzeiten, wie beispielsweise Urlaub, sollte die Informationsübergabe natürlich noch umfangreicher sein, um nicht peinlicherweise Eventdetails beim Veranstalter erneut nachfragen zu müssen.

Das zuvor als Grundvoraussetzung für gute Event-Manager angesprochene Organisationstalent in Verbindung mit der Fähigkeit zum strukturierten Arbeiten legt hier zusammenfassend den Grundstein für eine erfolgreich operierende Eventabteilung.

3.2 ■ Moderne Technologien

Zugegebenermaßen ist die Hotellerie traditionell nicht unbedingt eine der Branchen, die sich technischen Neuerungen gegenüber uneingeschränkt aufgeschlossen zeigt. Andere Branchen hatten sich der multimedialen Kommunikation sowie dem Online-Verkauf bereits geöffnet, als der Event-Management-Bereich in der Hotellerie nach wie vor überwiegend nach bewährtem Muster des persönlichen Kontakts lief. Selbstverständlich macht genau dieser persönliche Kontakt dieses Berufsfeld aus und wird bzw. darf nie eliminiert werden. In den letzten Jahren jedoch hat sich ein gravierender Wechsel hin zum Einsatz moderner Technologien vollzogen. Nicht zuletzt aufgrund inzwischen topaktuell, benutzerfreundlich und professionell gestalteten Internetauftritten der Hotels hat die Internetrecherche im Rahmen der Suche nach Veranstaltungsstätten die persönlichen Empfehlungen inzwischen – wenn auch knapp – von Platz 1 verdrängt.

Recherchemedien

Auf welche Medien oder Hilfsmittel stützen sich Corporate Planer bei der Recherche nach Veranstaltungsstätten (Mehrfachnennung möglich)?

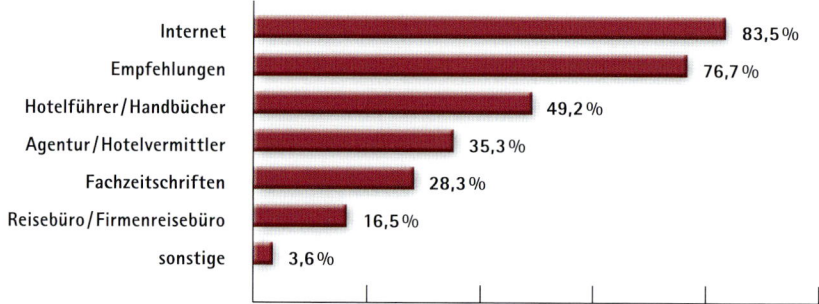

Veranstaltungsplaner.de-Studie 2008

Ein wichtiges Kriterium bei der professionellen Gestaltung des Internetauftrittes im Veranstaltungsbereich ist neben der Aktualität der Informationen die übersichtliche Darstellung der vorhandenen Kapazitäten. Neben Grundrissplänen mit Maßangaben ist die Angabe der maximal möglichen Teilnehmerzahl je nach Bestuhlungsart (teilweise sogar interaktiv und dreidimensional) sowie die Angabe möglicher Tagungspauschalen unerlässlich. Beispielsweise geht Marriott sogar einen Schritt weiter und bietet schrittweise Anleitungen inkl. ausführlicher Checklisten und Budgetrechner zur Unterstützung bei der Veranstaltungsplanung an. Der Hotelkonzern geht sogar soweit, den potentiellen Kunden Ihre Unterstützung bei der Prozessoptimierung im Event-Management (beispielsweise durch die Einrichtung einer eigenen Homepage für die jeweilige Veranstaltung – „Custom Web Page") anzubieten. So kann durch den Einsatz modernster Technologien die Kundenloyalität erhöht und im Idealfall sogar die Preissensibilität gesenkt werden. Eine Internetpräsenz wirkt umso professioneller, wenn direkt per Formular die geplante Veranstaltung angefragt werden kann. Im Gegensatz zu reinen Zimmeranfragen stellt die Veranstaltungsanfrage (Fachausdruck „Request for proposal", kurz RFP) technisch wie gestalterisch eine Herausforderung dar. In aller Regel wird es nahezu unmöglich sein, Felder für die Abfrage sämtlicher Veranstaltungsdetails zu programmieren. Jedes Event ist hierfür zu individuell. Die meisten großen Tagungshotels bzw. Hotelketten bieten heutzutage eine Abfrage an Standardinformationen (Datum, Personenzahl, Tagungsraum-Bestuhlung, kulinarische Wünsche, technische Ausstattung) an. Idealerweise erlauben die Online-Tools den Anhang von Dokumenten mit Spezifikationen. Darüber hinausgehende relevante Details werden dann per Telefon oder E-Mail nach der reinen *Vakanzprüfung* geklärt. Die nachstehende Grafik zeigt deutlich, dass gerade aufgrund der Komplexität der Veranstaltungsanfrage nach wie vor die Kontaktaufnahme via E-Mail und Telefon der Online-Anfrage vorgezogen wird.

Anfragewege

Auf welchem Weg werden Veranstaltungsstätten angefragt (Mehrfachnennung möglich)?

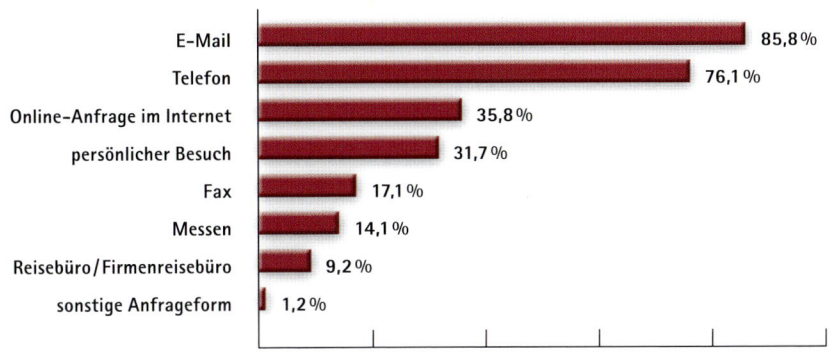

E-Mail	85,8 %
Telefon	76,1 %
Online-Anfrage im Internet	35,8 %
persönlicher Besuch	31,7 %
Fax	17,1 %
Messen	14,1 %
Reisebüro / Firmenreisebüro	9,2 %
sonstige Anfrageform	1,2 %

Veranstaltungs-
planer.de-Studie 2008

Der professionelle Einsatz moderner Technologien zahlt sich aber auch noch in einem weiteren – an Wichtigkeit nicht zu unterschätzenden – Bereich aus: bei der Abwesenheitsvertretung. Neben der Einrichtung eines persönlichen Anrufbeantworters für die eigene Durchwahl kann eine moderne Telefonanlage in der Regel noch viel mehr. So kann beispielsweise programmiert werden, ob eine Rufnummer generell bei Abwesenheit eines Mitarbeiters auf eine andere Durchwahl umgeleitet werden soll. Eine weitere Funktion wäre, den Anruf automatisch bei Nichtbeantworten zum strategisch wichtigen dritten Klingeln (vgl. Kapitel 3.1) an einen festgelegten Kollegen umzuleiten. Des Weiteren ist es für die Telefonzentrale eines Hotels heutzutage technisch realisierbar, die Anwesenheit und somit Freigabe des Anschlusses zu sehen, bzw. ob der gewünschte Gesprächspartner nicht bereits telefoniert. Sollte einer dieser Fälle vorliegen, kann sofort ein Rückruf des gewünschten Hotelmitarbeiters angeboten und Wartezeit vermieden werden. Dem Kunden wird somit Einsatzbereitschaft seitens des Hotels angezeigt und er kann sich einen erneuten Anrufversuch ersparen.

Ebenso stellt die Abwesenheitsvertretung im E-Mail-Bereich heute kaum mehr eine technische Herausforderung dar. Denkbar sind die automatische Weiterleitung eingehender E-Mails an eine andere Posteingangsadresse einerseits sowie eine vorgefertigte und automatisierte Rückantwort andererseits. Diese Rückantwort könnte beinhalten, dass die gewünschte Kontaktperson zu bestimmten Zeiten nicht im Hotel (aber vielleicht mobil) zu erreichen ist. Dazu sollte ein Zeitpunkt angegeben werden, zu dem die Mails wieder gelesen und beantwortet werden. Der Kunde kann dann selbst entscheiden, ob er bis zu diesem Zeitpunkt warten kann und will oder ob er in der Zwischenzeit lieber einen anderen Ansprechpartner im Hotel kontaktieren möchte.

PRAXISBEISPIEL

Abwesenheitsnotiz!

Bitte beachten Sie, dass ich vom 01. bis 10. März nicht
im Hotel erreichbar bin und keinen Zugang zu meinen
E-Mails haben werde. Ich werde die eingegangenen Mails
zuverlässig nach meiner Rückkehr am 11. März bearbeiten.
Sollten Sie in der Zwischenzeit wichtige Informationen
benötigen, wenden Sie sich bitte an meinen Kollegen
Herrn Maier unter Tel. 0123/456789 oder per E-Mail unter
maier@hotel-muster.de.

Ich danke für Ihr Verständnis!

Mit freundlichen Grüßen

Nicola Zech

Ein Praxisbeispiel: Mit dieser automatisch generierten Abwesenheitsnotiz wird vermieden, dass der Eindruck einer langsamen und unprofessionellen E-Mail-Bearbeitung
entsteht.

Je nach Hotelkategorie und Gästekreis empfiehlt es sich, die Nachricht ebenfalls in
englischer bzw. weiteren Sprachen zu verfassen und im Verlauf anzuhängen. Selbstverständlich macht die Formulierung dieser Abwesenheitsnotiz nur Sinn, wenn die
Fortführung der Professionalität durch die tatsächlich eingehaltene Bearbeitungsfrist
sichergestellt ist.

3.3　■ EDV-Einsatz

In diesem Kapitel kann es sicherlich keine allgemeinen Empfehlungen und Bewertungen geben. Dazu sind die Anforderungen und Spezifikationen eines jeden Hotelbetriebes zu unterschiedlich. Da die Installation und fortlaufende Pflege eines hotelspezifischen Software-Programms im *MICE* eine sehr kostspielige und langfristige Entscheidung darstellt, wird eine detailgenaue Untersuchung des jeweiligen Programms auf die Kompatibilität mit den betrieblichen Anforderungen unerlässlich sein. Um Beratungsgespräche mit den Software-Anbietern vorzubereiten, ist die zumeist einfache und kostenfreie Nutzung deren Online-Demoversionen empfehlenswert. Auch wenn dabei natürlich nur ein grober Überblick über die Funktionalität der Software, nicht aber die Abstimmung auf die tatsächlichen Gegebenheiten simuliert werden kann. Des Weiteren wird wohl kaum eine isolierte Installation eines Tagungs- und Event-Programms durchgeführt werden. Vielmehr sollte das Programm mit dem – in vielen Fällen bereits zuvor genutzten – Front-Office-Programms kompatibel sein. Generell kann man sagen, dass sämtliche am Markt erhältlichen Softwarelösungen für den MICE-Bereich sehr benutzerfreundlich und leicht erlernbar sind. Wichtig für eine erfolgreiche Nutzung des Systems ist die Beachtung der folgenden Punkte:

- Zuverlässige und konsequente Zusammenarbeit mit den Systemtechnikern in der Phase der Installationsvorbereitung – Erfassung und Verarbeitung sämtlicher hotelbetrieblicher Gegebenheiten und Anforderungen.

- Intensive Schulung sämtlicher Mitarbeiter im Rahmen der Systeminstallation.

- Professionelle Nachschulung falls erforderlich oder bei Mitarbeiterwechsel.

- Aufbauseminare zur Nutzung fortgeschrittener Komponenten und Erweiterung des Nutzungsspektrums.

- Zuverlässige Programmpflege inkl. Sicherungskopien, Duplikatprüfung und Datenbereinigung.

- Bestimmung eines Systemadministrators, der die Zugangsrechte aller Mitarbeiter je nach ihrer Position festlegt und verwaltet und die Berechtigung zur Änderung der Stammdaten innehat.

Nachfolgend beispielhafte Auszüge aus der Produktbeschreibung verschiedener Anbieter spezifischer Hotelsoftware für den MICE-Bereich:

MICROS-Fidelio Suites
Catering & Conference Management

Bewährte MICROS-Fidelio Applikation zur Koordination Ihrer Verkaufsabteilung und Organisation von Banketten, Tagungen und Veranstaltungen
jeglicher Art.

Anwender: Mittelständische Hotellerie, Hotelketten, Tagungsstätten, Caterer

Das MICROS-Fidelio Suites Catering & Conference Management System ist
das optimale Programm für Ihre Verkaufsabteilung und ermöglicht es, die
kompliziertesten Buchungen in jeglicher Veranstaltungsgröße zu erfassen.
Das integrierte Customer-Relationship-Management erfasst alle wichtigen
Informationen Ihrer Kunden und Gäste mit deren Buchungspräferenzen und
-daten. Mit dem Wiedervorlagesystem wird sichergestellt, dass keine Details
vergessen werden.

Ein grafisches Veranstaltungsbuch bietet einen sofortigen Überblick aller
Veranstaltungsräume und erlaubt es trotzdem, Kurzbuchungen selbst „auf die
Schnelle" zu erstellen. Das Event Order System hilft beim Planen der Anlässe
und durch den Einsatz des Ressourcen Management wird garantiert, dass alle
Serviceleistungen dann zu Verfügung stehen, wenn sie gebraucht werden.
Vom Flip Chart bis hin zum Blumenbouquet.

MICROS-Fidelio Suites Catering & Conference Management kann integriert
werden mit dem Suites Front Office Management und bietet somit die komplette
Hotelverwaltung inklusive Reservierung und Verfügbarkeitsübersicht.

Mit Hilfe eines Vertrags- und Listengenerators kann qualitativ hochwertige
Korrespondenz wie z.B. Verträge oder Standardbriefe in der jeweiligen
gewünschten Sprache des Kunden ausgedruckt werden. Forecasts- und
Budgetkontrollen wurden eingebaut, damit nicht nur die Ressourcen verkauft
werden, sondern auch ein Profit erzielt wird.

OPERA Sales & Catering

Integriertes Verkaufs- und Bankett-Programm innerhalb der OPERA Suite von MICROS-Fidelio.

Anwender: Großhotellerie, Kettenhotels, Tagungszentren, Kongresszentren

Das OPERA Sales & Catering System ist ein neu entwickeltes Verkaufs- und Bankett-Programm. Es umfasst eine Kunden- und Aktivitätenverwaltung, die Anlage von Reservierungen jedweder Art inklusive einer Bankettraumkoordination.

Durch die Integration in die selbe Datenbank, die auch alle anderen OPERA Produkte nutzen, haben Sie einen umfassenden Zugriff auf alle relevanten Informationen, die Sie zur Beantwortung von Anfragen benötigen, wie z.B. die Verfügbarkeit von Veranstaltungsräumen, technischen Hilfsmitteln, Hotel-zimmern und Preisen. Außerdem erhalten Sie Zugriff auf Informationen über vergangene Gastaufenthalte, multiple Gastadressen mit allen Details wie Buchungsreferenzen und -daten. So sind Sie in der Lage, maßgeschneiderte Angebote zu erstellen und die speziellen Bedürfnisse und Wünsche Ihrer Gäste optimal zu erfüllen.

Sobald alle Einzelheiten einer Veranstaltung abgesprochen sind, werden die benötigten Informationen an die entsprechenden Abteilungen wie Rezeption, Technik, Bankett etc. weitergegeben. Alle vordefinierten Textdokumente, wie Angebote und Verträge, lassen sich in Word 2000 oder anderen Standard Software Programmen erstellen und bearbeiten. So können Sie Ihre gewohnten Textverarbeitungsprogramme behalten und müssen sich nicht mit dem Erler-nen neuer Software-Anwendungen aufhalten.

Mit einer Vielzahl von neuen Leistungsmerkmalen lässt sich OPERA Sales & Catering perfekt auf die Bedürfnisse Ihres Unternehmens anpassen. Mit dem neu entwickelten Relationship Modul können Sie Kontaktadressen miteinander verbinden und eine Vielzahl von detaillierten und aussagefähigen Statistiken abrufen. Sie erhalten mit dem Programm ein Werkzeug, das Ihnen bei der Planung und Abwicklung von Veranstaltungen aller Art unschätzbare Dienste leistet.

OPERA Sales & Catering ermöglicht schnelle und effiziente Arbeitsabläufe. Beste Voraussetzungen, um Ihre Ziele nicht aus den Augen zu verlieren und sich auf das Wesentliche zu konzentrieren.

Bankettverwaltung mit protel Bankett: einfach, schnell und nahtlos integriert

Veranstaltungen jeder Art und Größe perfekt geplant.

Der Bankettplan: Räume und Veranstaltungen auf einen Blick

protel Bankett unterstützt Sie bei der perfekten Planung und Ausrichtung von Empfängen, Banketten und Veranstaltungen jeder Art und Größe. Mit protel Bankett verschaffen Sie sich einen langfristigen Überblick über die Auslastung Ihrer Räumlichkeiten und erstellen einfach und schnell Ablaufpläne und graphische Raumpläne.

Als optionale Erweiterung fügt sich protel Bankett nahtlos in die protel Produktsuite ein. Ob Sie mit protel SPE, unserer Lösung für große Individualhotels, arbeiten oder mit protel MPE oder protel HQ Hotelketten und -kooperationen verwalten – protel Bankett greift auf dieselbe SQL-Datenbank zu und harmoniert perfekt mit allen Front-Office-Funktionen.

Ihre Vorteile:

- Bei der Buchung einer Veranstaltung können zugleich auch die benötigten Zimmer reserviert werden.

- Gruppenmitglieder können Sie aus protel direkt in Teilnehmerlisten übernehmen.

- Nach Abschluss einer Veranstaltung erstellen Sie Sammelrechnungen aus allen Logis- und Bankettleistungen.

3.4 ■ Reservierungsverwaltung

Wie bereits in den vorangegangenen Kapiteln erläutert, ist eine Büroorganisation, die sich durch Ordnung und allgemein verständliche Strukturen auszeichnet, die Grundlage für eine erfolgreiche Abteilungsführung. Dies gilt selbstverständlich insbesondere für die Reservierungsverwaltung – gleichsam das Herzstück der Event-Abteilung. Egal ob unter Verwendung eines der in Kapitel 3.3 beschriebenen oder vergleichbaren EDV-Systemen oder im manuellen Verfahren, es müssen sinnvolle Strukturen für Reservierungen von der Anfrage bis zur Ablage geschaffen werden. Dabei ist herauszustellen, dass selbst unter Einsatz eines der modernsten EDV-Systeme die Anlage von sog. *Files*, also die physische Sammlung von Informationen der jeweiligen Events in den meisten Fällen unerlässlich ist. Die EDV kommt in den Bereichen Terminierung (siehe Kapitel 3.5) und Kurzinformation bzw. Informationsüberblick für den Mitarbeiter selbst, Abteilungskollegen oder Mitarbeiter anderer Hotelbereiche ins Spiel.

Anlassverwaltung;
Micros–Fidelio GmbH,
Suite 8

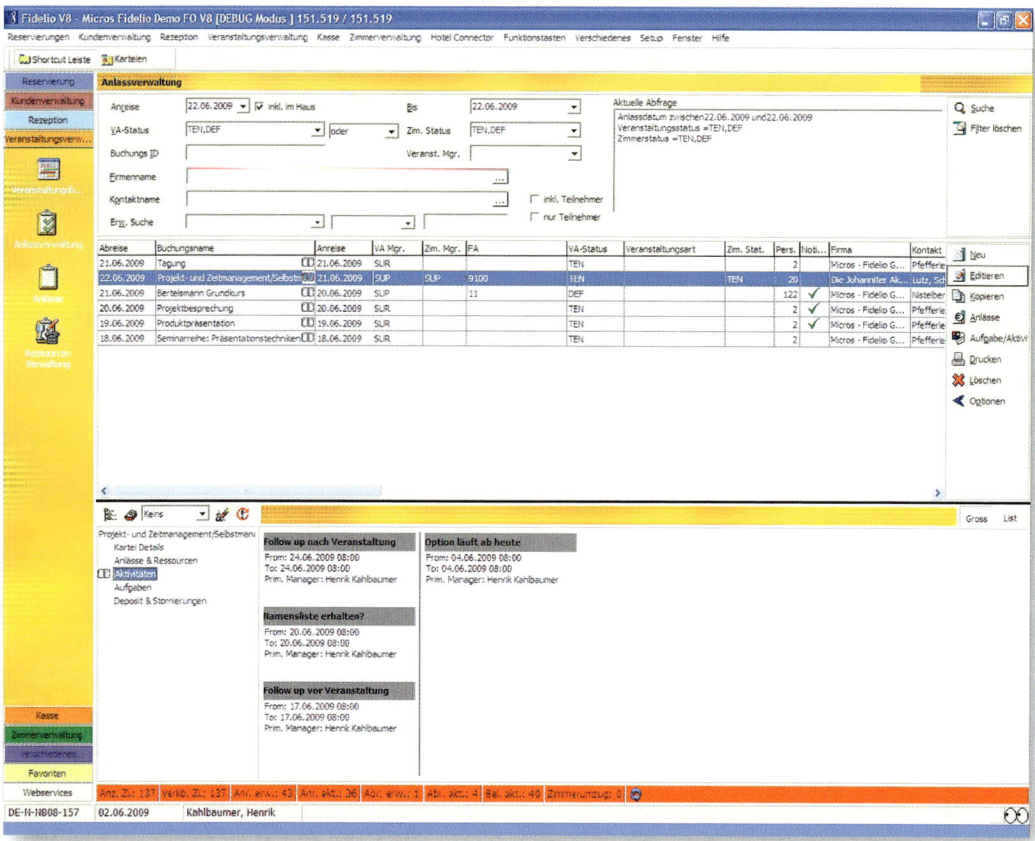

Die nach wie vor existierende Kommunikation in Papierform sowie Notizen und sonstige Informationen werden in den Files dokumentiert. Zu betonen ist dabei, dass es sich empfiehlt, im Rahmen der Dokumentation vorangegangener Kommunikation neben Faxen und Briefen auch Druckexemplare von E-Mails abzuheften. Da in der Regel E-Mail-Konten passwortgeschützt sind, ist es Kollegen im Falle von Nachfragen bei Abwesenheit des maßgeblichen Event-Betreuers zumeist nicht möglich, auf dessen empfangene bzw. gesendete E-Mails zuzugreifen. Lediglich einige hochentwickelte Systeme lassen momentan den elektronischen Anhang von E-Mails an den entsprechenden Buchungsvorgang zu.

Ein idealtypischer File sollte wie folgt aussehen. Der Umschlag – entweder ein handelsüblicher Aktendeckel oder ein Hängeregister – wird außen mit den wichtigsten Event-Daten in Kurzform beschriftet. Diese enthalten folgende Angaben:

- Reservierungsnummer
- Event-Datum
- Event-Name
- Buchende Firma
- Teilnehmer- bzw. Zimmerzahl
- Ansprechpartner im Hotel

In der Praxis gestaltet sich diese Außenbeschriftung der Files v. a. durch Aufklebe- oder Einschiebe-Etiketten. So können die Files nach Abschluss eines Events und Ablage der Dokumente durch Überkleben bzw. Austauschen des letzten Etiketts erneut benutzt werden. Der Ort des Etiketts auf dem File (z. B. Ecke oben rechts oder hochkant unten rechts) ergibt sich aus dem jeweiligen Ablagesystem. Es muss sichergestellt sein, dass das Etikett direkt bei Herausnahme des Files lesbar ist und der File nicht etwa noch gedreht werden muss.

Ebenfalls hat sich in der Praxis die Verwendung verschiedenfarbiger Files bewährt. Hier sollte jedes Hotel für sich eine dann allgemein gültige Farbpalette festlegen. Ein Beispiel wäre:

- Rote Files für reine Veranstaltungsbuchungen
- Grüne Files für Veranstaltungs- und Zimmerbuchungen
- Gelbe Files für reine Zimmer-Gruppenbuchungen

Im Inneren der Files empfiehlt sich eine Ordnung, wie nachfolgend grafisch dargestellt:

**Muster-File –
auf die systematisierte
Beschriftung und
Ordnung der Doku-
mente kommt es an!**

Die in der Abbildung aufgezeigten Checklisten finden Sie unter Kapitel 11. Die „Event-Checkliste" ermöglicht ein Auffrischen des aktuellen Standes auf einen Blick.

Nun zu den für die rechte File-Innenseite angegebenen *Function Sheets*. Das mögliche Layout sowie die enthaltenen Informationen finden Sie in Kapitel 7.1. Das erste Function Sheet wird bereits bei der Buchungsanfrage erstellt. Neue Versionen gibt es bei jeglicher Änderung der Veranstaltungsdaten (z. B. Teilnehmerzahl, Uhrzeiten, zusätzlicher oder nicht mehr benötigte Tagungskapazitäten) oder des Buchungsstatus (z. B. Eingang des unterzeichneten Vertrages). Für einen umfassenden Überblick über den aktuellen Stand muss das jeweils aktuellste Function Sheet ganz oben abgeheftet werden. Die älteren Exemplare werden allerdings nicht vernichtet, sondern verbleiben im File. So können bei Unklarheiten im Nachhinein Änderungen und deren zeitliche Abfolge nachvollzogen und belegt werden.

INFO

Bei der Angabe des Buchungsstatus hat sich in der Konzernhotellerie allgemein die folgende Definition durchgesetzt:

PEN	Pending (Anfrage ohne Vakanzblockierung)
TEN	Tentative (Anfrage mit Vakanzblockierung, Vertrag ist in Vorbereitung)
DEF	Definite (Vertrag ist unterzeichnet)
ACT	Actual (Veranstaltung ist im Gange oder bereits beendet)
LOS	Lost (Veranstaltungsanfrage kann aufgrund von Kapazitätsengpässen von Hotelseite nicht bestätigt werden oder Veranstaltungsangebot wird vom Kunden nicht akzeptiert)
CAN	Cancelled (Veranstaltung wird vom Kunden nach der Vertragsunterzeichnung storniert)

Selbstverständlich sind je nach individuellen Gegebenheiten weitere Stati bzw. die Beschränkung auf weniger Stati denkbar. Basierend auf dem genutzten EDV-System stellt sich der Buchungsstatus bei der Eingabe bestimmter Parameter selbst um oder muss wie bei der manuellen Buchungsverwaltung manuell aktualisiert werden.

Wichtig für eine professionelle Gestaltung des Yield Managements (siehe Kapitel 6.1) ist die Aufzeichnung (manuell oder elektronisch) wirklich ALLER Buchungsanfragen. Auch Buchungen, die bereits bei der Anfrage den Buchungsstatus LOS erhalten, müssen dokumentiert werden. Mögliche Gründe könnten dabei zu kleine Tagungsräume, zu wenige Zimmer oder zu viele Anfragen für denselben Termin sein. All diese Punkte werden bei der Gestaltung des optimalen Preises sowie bei der Beurteilung der Relevanz eingegangener Veranstaltungsanfragen im Rahmen des Yield-Managements als historische Vergleichswerte eine Rolle spielen. Daher ist es unerlässlich – wenn auch oft lästig – wirklich alle Anfragen zu dokumentieren und nicht nur die, die in bestätigten Buchungen enden. Selbstverständlich kann hier auf die Anlage eines Files verzichtet werden. LOS-Buchungen werden gesammelt und mit der allgemeinen Ablage für den entsprechenden Zeitraum (z. B. das Jahr 2009) verwaltet. Da bei großen Tagungshotels eine wirklich große Menge an Unterlagen vergangener Veranstaltungen anfällt, ist deren langfristige Aufbewahrung in den Büroräumen nahezu unmöglich. Die Files werden also aufgelöst und alle Unterlagen

– nach Zeitraum oder Alphabet geordnet – in externen Lagerräumen (z. B. im Keller) aufbewahrt. Leider wird hier häufig viel zu wenig Wert auf eine strukturierte Archivierung gelegt. Dies rächt sich genau in dem Moment in dem ein Kunde „dieselbe Veranstaltung wie vor 3 Jahren" anfragt. Sicherlich sind die Eckdaten im EDV-System sekundenschnell aufzurufen (sofern seit der gesuchten Veranstaltung keine EDV-Umstellung und damit einhergehend ein Datenverlust stattgefunden hat), aber die vorangegangene Kommunikation kann unerlässlich sein. Ein gut strukturiertes Archivierungssystem kann die Suche nach längst aussortierten Veranstaltungsunterlagen wesentlich vereinfachen.

Kurz vor der Anreise der Tagungsgäste (Achtung bei evtl. Frühanreisen durch Zimmerbuchungen bereits einige Tage vor Beginn des eigentlichen Events!) und nach einem letztmaligen Check des Event-Mitarbeiters wird der komplette File an das *Front Office* gegeben. Da hier rund um die Uhr Mitarbeiter und somit direkte Ansprechpartner für die Tagungsteilnehmer zu finden sind, müssen diese mit allen relevanten Event-Informationen versorgt sein. Bei Rückfragen, evtl. zur Kostenübernahme der Getränke in der Hotelbar oder zur Nachvollziehung von Änderungen auf der Namensliste, kann der File konsultiert werden. Nach Ablauf der Veranstaltung wird der File – ggf. mit Notizen – zurück ans Event-Management in Erwartung der Belege sowie der Rechnungslegung gegeben. Ist diese für korrekt befunden und beglichen worden, wird der File, wie bereits erläutert, aufgelöst und die Unterlagen archiviert.

Zusammenfassend ist der Ablauf eines idealtypischen Reservierungsvorganges im Event-Management grafisch wie folgt darzustellen:

Buchungsstatus

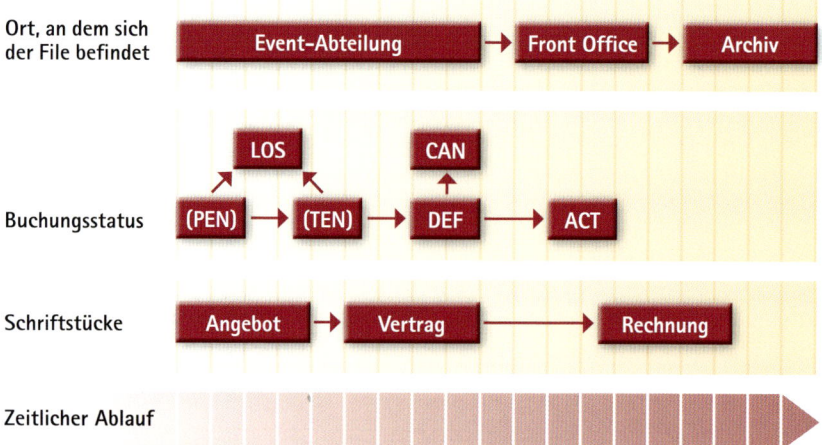

So wie die Buchungen im EDV-System für alle Abteilungsmitglieder zugänglich sind, so muss dies auch für die Files gelten. Sie sollten nach einem klar kommunizierten Schema abgelegt sein. Empfehlenswert ist eine Ordnung in PEN, TEN und DEF, die dann jeweils nach Monaten, alphabetisch oder nach Reservierungsnummern geordnet werden. Je größer das Tagungshotel, desto detaillierter und ausgeklügelter muss das Ablagesystem sein. Nur so kann ein schnelles Auffinden der relevanten Unterlagen durch alle Mitarbeiter gewährleistet werden. Dies ist insbesondere bei der krankheits- oder urlaubsbedingten Abwesenheit des eigentlichen Ansprechpartners wichtig. Des Weiteren dürfen zwei weitere Komponenten nicht außer Acht gelassen werden: Großveranstaltungen wie internationale Kongresse werden oft bereits mehrere Jahre im Voraus geplant und die Mitarbeiterfluktuation ist auch im Event-Management ähnlich hoch wie in der Hotellerie im Generellen. Es ist also durchaus nicht ungewöhnlich, dass langfristig geplante Veranstaltungen von zwei oder gar mehreren Ansprechpartnern auf Hotelseite betreut werden. Auf Kundenseite ist dies nicht in gleichem Ausmaß zu erwarten, da die Mitarbeiterfluktuation in kaum einer Branche derart gravierend ist wie in der Hotellerie. Um nun diesen Wechsel des Ansprechpartners so professionell wie möglich zu gestalten und eine reibungslose Fortführung der bestehenden Buchung zu gewährleisten, sollte eine unmittelbare Aufteilung der vom ausscheidenden Mitarbeiter betreuten Buchungen erfolgen. Im selben Zug sollten die Ansprechpartner auf Kundenseite von diesem Wechsel – am besten per E-Mail – informiert werden. So können peinliche Situationen umgangen werden, bei denen Kunden das Hotel (beispielsweise bzgl. einer Änderung des benötigten Hotelzimmer-Kontingents) kontaktieren und mitgeteilt bekommen, dass der entsprechende Mitarbeiter gar nicht mehr für das Hotel tätig ist. Bei umfangreicheren und komplizierteren Buchungen empfiehlt es sich, das persönliche Gespräch mit dem Kunden zu suchen, um neben den vorliegenden Informationen ein komplettes Briefing zu erhalten.

■ Aktivitäten / Traces   3.5

Egal, ob nun die unter Kapitel 3.3 beschriebenen, hotelspezifischen Software-Programme, handelsübliche Lösungen wie Microsoft Outlook oder gar manuelle Systeme eingesetzt werden, ein gut organisiertes Termin- und Aufgabenmanagement ist unerlässlich. Bereits zuvor wurde darauf eingegangen, wie komplex die Aufgabengebiete im Event-Management sind und wie wichtig selbst kleinste Details v.a. aus der Kundenabsprache sein können. Es ist nahezu unmöglich, sämtliche Informationen, Terminplanungen und Schritte im Organisationsprozess einer Veranstaltung im Kopf zu behalten. Das heißt, selbst als einzelner Mitarbeiter macht es Sinn, die anstehenden Aufgaben und zu verarbeitenden Informationen zu speichern und zum gegebenen Zeitpunkt wieder abzurufen. Noch wichtiger wird dieser Vorgang allerdings – und dies ist in aller Regel die berufliche Praxis! – wenn mehrere Mitarbeiter im Event-Management tätig sind. Aufgrund von Überlastung, Abwesenheit, Krankheit oder Urlaub müssen auch Kollegen in der Lage sein, sämtliche Informationen zu einer Veranstaltungsbuchung einzusehen. Dazu gehört auch die weitergehende Terminplanung. Unter anderem die Informationen „Wann muss die Namensliste vorliegen?", „Bis wann ist die *Depositzahlung* fällig?", „Bis zu welchem Termin kann die Personenzahl kostenfrei reduziert werden?". Diese Informationen müssen allgemein zugänglich gespeichert sein. Es hilft also nicht, wenn der eigentlich zuständige Mitarbeiter zwar seine Termine im persönlichen Termin-Planer einträgt, dieser aber den Kollegen nicht vorliegt. Die gängigen Software-Programme bieten eine solche Termin- und Aufgabenverwaltung, die meist über die reine Buchungsverwaltung hinausgeht, standardmäßig an. Der Abteilungsleiter ist dann allerdings dafür verantwortlich, dass sie auch konsequent und v. a. richtig von allen Teammitgliedern eingesetzt wird.

Ergänzt werden kann das System sinnvollerweise mit Traces und To-Do-Listen. Traces sind Teil eines automatisierten Termin-Managements des EDV-Systems. Hier werden Termine, die eine Veranstaltung direkt betreffen, automatisch generiert und je nach Änderung des Buchungsstatus angepasst.

Automatische Traces für Anlassverwaltung; Micros-Fidelio GmbH, Suite8

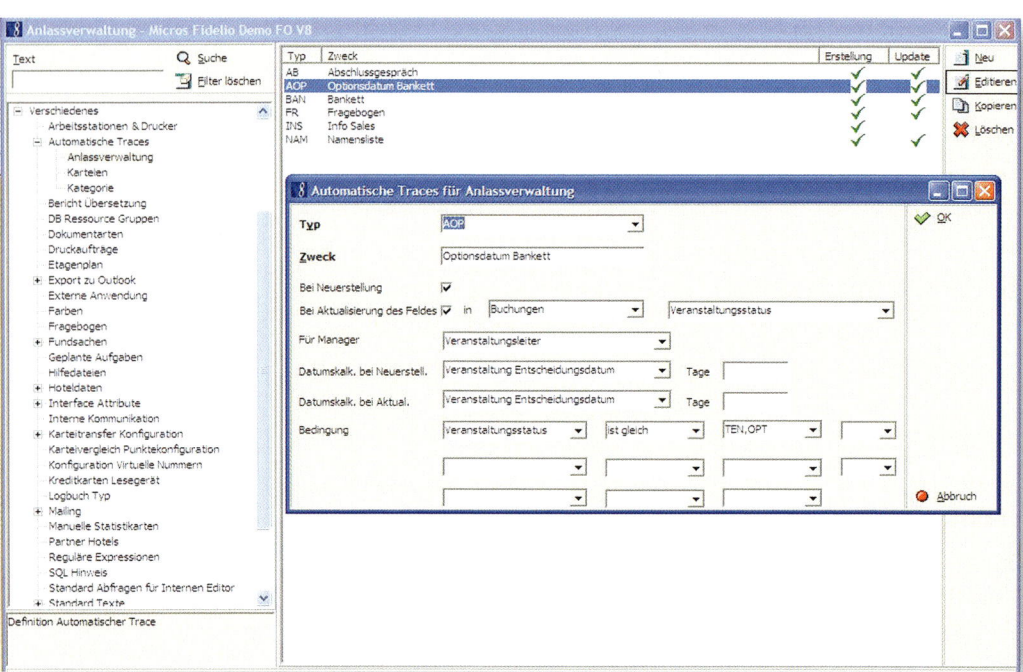

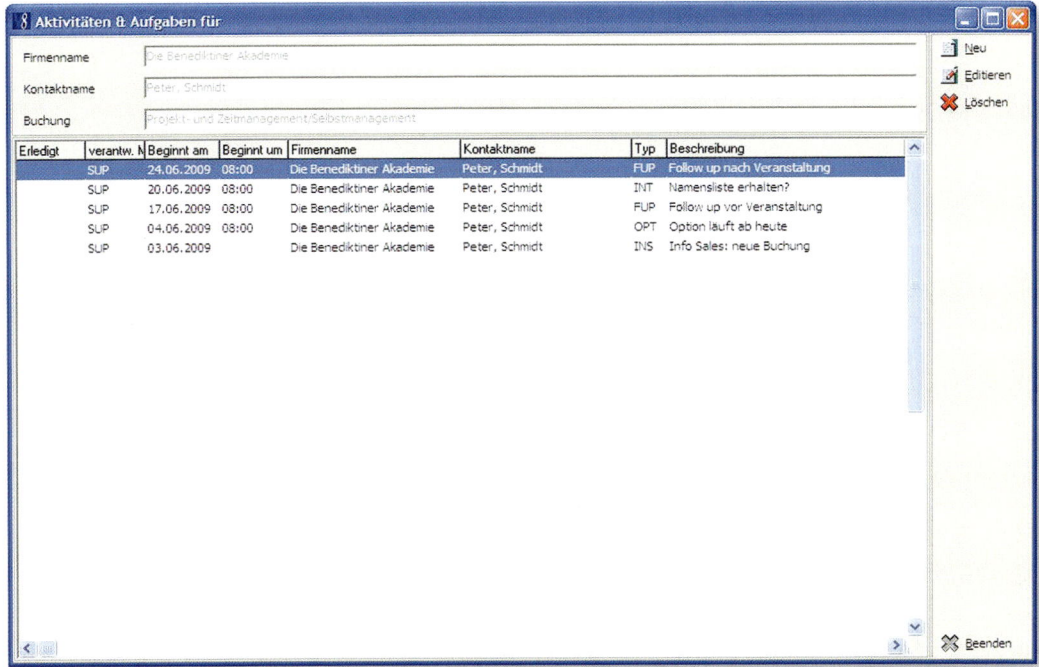

Automatische Traces zu einer Buchung; Micros-Fidelio GmbH, Suite8

Damit werden die veranstaltungsspezifischen Aufgaben unter Angabe der verantwortlichen und mitwirkenden Personen geregelt. So wird verhindert, dass in der Hektik des betrieblichen Alltags wichtige Detailabsprachen und Termine verpasst werden.

In der Praxis hat es sich als ratsam erwiesen, die anstehenden Aufgaben des Tages pro Mitarbeiter als Erstes nach Arbeitsbeginn auszudrucken bzw. zusammenzustellen. Besprochen werden dann alle Aufgaben in der morgendlichen Teambesprechung. So können unangenehme Mehrfachanrufe bzgl. verschiedener Veranstaltungen in derselben Firma vermieden bzw. weitere Aufgaben koordiniert und gegebenenfalls zusammen gelegt werden.

Für Abteilungs- und Personalleiter hat dieses System einen weiteren entscheidenden Vorteil: die durch das Software-Programm gesammelten Daten von erledigten und noch ausstehenden Aufgaben können nach verschiedenen Kriterien gefiltert und ausgedruckt werden. Erhaltene Zahlen und Fakten dienen unterstützend der Mitarbeiter-Kontrolle sowie der Mitarbeiter-Bewertung. Für die Mitarbeiter bringt dieses System den Vorteil, dass manuelle Tätigkeitsberichte überflüssig werden. Zielsetzungen im Personalmanagement könnten in diesem Zusammenhang wie folgt lauten:

- 10 Neukunden-Akquisitionen per Telefon / Brief / Mail pro Woche
- 15 Follow-Up-Gespräche nach Messen
- Follow-Up-Anrufe / Mails jeweils am 3. Arbeitstag nach Versand des Angebots
  ...

Die aus dem Abgleich der Zielsetzung mit den realen Zahlen erhaltenen Werte fließen in die Mitarbeiterbewertung ein. Dabei muss aber auch sicher gestellt sein, dass die Ziele so definiert sind, dass sie realistisch erreichbar sind und kein unlauterer Konkurrenzkampf (etwa durch die nachträgliche Änderung des eingetragenen ausführenden Mitarbeiters) provoziert wird.

3.6 ◼ Konkurrenzanalyse

Auch wenn eine Konkurrenzanalyse im Zimmerbereich mit den dazugehörigen Preisen zugegebenermaßen einfacher durchzuführen ist, so ist sie aber auch im Eventbereich unerlässlich. Es kann keine erfolgreiche Marktpositionierung ohne eine eingehende Betrachtung der in Konkurrenz stehenden Angebote geben. Dabei ist es wichtig zu beachten, dass Konkurrenz in verschiedensten Richtungen interpretiert werden kann. Für ein Tagungshotel wären dies:

- Hotels derselben Stadt oder Region, die vergleichbare Tagungskapazitäten anbieten
- Eventlocations
- Konferenzzentren
- Restaurants mit Nebenraum
- Opernhäuser und ähnliche Lokalitäten, die Galaveranstaltungen ausrichten können
- Firmeneigene Tagungskapazitäten
- Hotels derselben Kette oder Kooperation
- Hotels mit vergleichbaren Tagungskapazitäten in anderen (internationalen) Destinationen

Bereits am Umfang dieser Aufzählung ist absehbar, dass eine Konkurrenzanalyse nur vielschichtig erfolgen und zu unterschiedlichsten Ergebnissen führen kann. Im ersten Schritt sollte daher im eigenen Haus begonnen werden: verschiedenste Attribute wie Infrastruktur, technische Ausstattung, Servicepersonal, kulinarisches Angebot, Tageslicht in den Tagungsräumen selbstkritisch zu beleuchten. Ein anschauliches Ergebnis erhält man bei der grafischen Darstellung in Form eines Stärken-Schwächen-Profils ("SWOT-Analyse"). Nachstehend sehen Sie eine beispielhafte Gestaltung:

INFO

SWOT-Analyse	Stärken	Schwächen
	Lage in mittelbarer Nähe zum Stadtzentrum, zu zahlreichen Firmensitzen und der Messe	Nicht alle Tagungsräume mit Tageslicht Teilweise veraltete Tagungstechnik
Chancen Strukturierung und Erweiterung des Firmenkundensektors	Firmenverträge inkl. Sonderkonditionen abschließen Firmenkunden in unmittelbarer Nähe sowie Messebesucher akquirieren Spezial-Packages inkl. Zimmerbuchung (z. B. im Januar oder im Sommer)	Tagungsräume ohne Tageslicht v. a. als Breakout-Rooms nutzen Renovierungsmaßnahmen vorantreiben und möglichst zeitnah Tagungstechnik auf den neuesten Stand bringen
Risiken Unzureichendes Herausstellen des Servicegedankens – „Me too"-Produkt statt Abgrenzung zu Mitbewerbern	Dienstleistungsgedanken und persönliche Stammgäste-Betreuung in den Mittelpunkt stellen	Hardware-Mängel durch herausragende Gästebetreuung wettmachen

Sind nun die eigenen Gegebenheiten analysiert, werden sie vergleichbar mit denen konkurrierender Anbieter. Auch hier können je nach Segment (Tagung, Produktpräsentation, Familienfeier, Galaveranstaltung) unterschiedlichste Konkurrenten auftreten. Demzufolge segmentiert werden Preise für die angebotenen Leistungen eingeholt. Diese Leistungen können in folgende Kategorien eingeteilt werden:

- Tagungsraummiete
- Tagungspauschale
- Hotelzimmerpreis
- Mietpreise für die Standard-Tagungstechnik

Informationen werden entweder durch anonyme telefonische Anfrage, die Homepage des Konkurrenten oder aus dessen Präsentationsmappe eingeholt. Wichtig ist dabei die Sicherstellung vergleichbarer Daten. Beispielsweise müssen Zimmerpreise und Tagungspauschalen jeweils für dasselbe Datum angefragt werden, um saisonale Schwankungen zu bereinigen. Bei der Tagungsraummiete empfiehlt es sich zur besseren Vergleichbarkeit als Basiskonstanten einen m² sowie einen ganzen Tag zu definieren. Übersichtlich kann die Preisübersicht in tabellarischer Form inkl. grafischer Abbildung dargestellt werden:

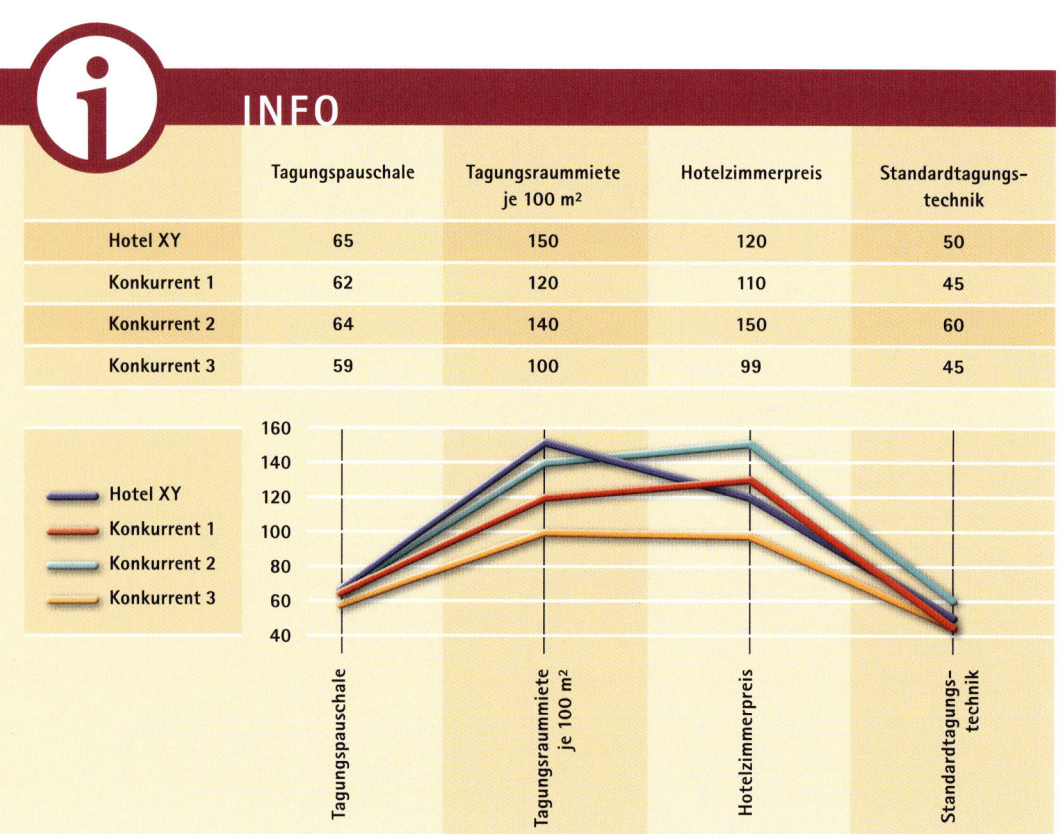

INFO

	Tagungspauschale	Tagungsraummiete je 100 m²	Hotelzimmerpreis	Standardtagungstechnik
Hotel XY	65	150	120	50
Konkurrent 1	62	120	110	45
Konkurrent 2	64	140	150	60
Konkurrent 3	59	100	99	45

Dieses Verfahren des Preisvergleichs mit Anbietern vergleichbarer Leistungen in einem bestimmten Markt wird auch als *Benchmark-Pricing* bezeichnet. Neben dem reinen Preisvergleich ist allerdings insbesondere im Event-Bereich ein Vergleich der angebotenen und evtl. inkludierten Leistungen wichtig. Dazu können herausragende Raum- wie Büfettdekorationen, Verkehrsanbindung ebenso wie ein besonders freundliches wie kompetentes Servicepersonal zählen.

Als generelle Informationsquellen sind – wie beschrieben – in erster Instanz Hotelinformationen in Druckform sowie im Internet zu sehen. Um aber zu einer detaillierten ebenso wie fundierten Beurteilung zu gelangen, ist ein persönlicher Besuch des Konkurrenzhotels ratsam. Entweder offiziell und gemeinsam als Event-Team (gegenseitige Teambesuche sind in der Hotellerie nicht unüblich) oder einzeln inkognito werden die Tagungsräumlichkeiten ebenso wie die allgemeinen Hotelbereiche (Garage, Auffahrt, Lobby, Rezeption, Restaurant, Fitness-/Poolbereich) besichtigt, bewertet und schriftlich festgehalten. Nach diesem ersten Eindruck erfolgen regelmäßig sogenannte „Follow-Up-Besuche", etwa nach Renovierungen oder der Einführung neuer Serviceangebote.

Am Aushang in der Lobby bzw. an den einzelnen Tagungsräumen läßt sich meist der buchende Kunde erkennen. Daraus kann man beispielsweise schließen, wohin Kunden abgewandert sind, die früher im eigenen Hotel gebucht hatten. Oder aber welche Firmen als potenzielle Kunden in Frage kommen und daher vom Verkaufspersonal kontaktiert werden sollten.

Des Weiteren empfiehlt es sich, große bzw. imageträchtige Veranstaltungen bei der Konkurrenz zu beobachten und – sollte es geografisch gesehen möglich sein – diese als „Zaungast" zu besuchen. Auch wenn im eigenen Hotel viele kreative und professionelle Mitarbeiter zu finden sind, so kann ein Auffrischen des Ideenpools wohl nie schaden. Absolut abzuraten ist selbstverständlich von der Kopie, die Ideen sollen lediglich als Denkanstoß verstanden werden!

■ Proaktiver Verkauf   3.7

Generell ist in der Tagungshotellerie festzustellen, dass die Anstrengungen im proaktiven Verkauf des Event-Managements durchaus ausbaufähig sind und vorhandenes Potenzial nicht optimal genutzt wird. Zum einen werden mehr Anstrengungen unternommen, die „reaktive" Arbeit zu verbessern, nämlich Anfragen professionell und v.a. schnell zu beantworten. Zum anderen wird diese proaktive Aufgabe gerne den Kollegen von der Sales & Marketing-Abteilung überlassen. Selbstverständlich informieren diese Kollegen Kunden im Rahmen von Messen, Präsentationen und Hausführungen unter Ausgabe der Präsentations- bzw. Pressemappe über die Tagungs- und Veranstaltungsmöglichkeiten im Hotel, aber sie sind nun mal leider keine Event-Experten. Einen viel besseren Eindruck beim Kunden erreicht man, wenn der Event-Manager selbst sein Produkt präsentiert. Dabei ist allerdings eine enge Absprache mit der Verkaufsabteilung nötig, da sonst evtl. derselbe Kunde von zwei verschiedenen Mitarbeitern des Hotels mit derselben Information kontaktiert wird.

Auch wenn der Schwerpunkt im Aufgabenbereich eines Event-Managers ganz klar in der Organisation und Durchführung von Veranstaltungen jeder Art ist, so macht es dennoch Sinn, proaktive Elemente einzubauen. Das Spektrum reicht hierbei von der Begleitung des Sales-Managers zu Kundenpräsentationen oder Messen, über den Aufbau einer selbstständigen Kunden-Datenbank (für die beispielsweise generell nur Tagungsbuchungen ohne Hotelzimmer in Frage kommen), bis hin zur Erstellung eines proaktiven Konzepts. Das Konzept sollte die folgenden Punkte beinhalten:

INFO

■ Umfang und Methodik der Neukunden-Akquisition

■ Umfang und Methodik der Kundenbindung bzw. des *Key Account Managements* (siehe Kapitel 5.5)

■ Gestaltung der Präsentationsmappe inkl. Raumpläne und Menüvorschläge (siehe Kapitel 5.1)

■ Gestaltung des Internetauftritts inkl. *RFP* und Kontaktformular (siehe Kapitel 3.2)

■ Suche nach Partnern zur Gestaltung von Rahmenprogrammen und Zusatzleistungen (siehe Kapitel 9.6)

■ Gestaltung professioneller *MICE*-spezifischer Pressetexte inkl. Fotos

■ Zusammenstellen und Betonung erworbener Referenzen (Nennen bekannter Firmennamen, die bereits Veranstaltungen im Hotel abgehalten haben)

■ Aufbau und Herausstellen eines tadellosen und weithin bekannten Images als herausragendes Tagungshotel (Kunden möchten grundsätzlich gerne das positive Hotelimage auf sich bzw. seine Produkte übertragen)

Da auf die anderen Elemente in den jeweils angegebenen Kapiteln im Detail eingegangen wird, soll hier das Hauptaugenmerk auf die Neukundenakquisition gelegt werden. Um dabei strategisch sinnvoll vorzugehen, empfiehlt es sich, basierend auf der in Kapitel 3.6 erläuterten Konkurrenzanalyse, potenzielle Mitbewerber zu ermitteln. In einem nächsten Schritt werden sowohl deren als auch die eigenen Zielgruppen bestimmt. Nach einem Abgleich der bestehenden Kundendatei ist erkennbar, ob und inwieweit diese ermittelten Zielgruppen ihre Veranstaltungen bereits im Hotel buchen. Weiterführend sollten sämtliche

Infomaterialien inkl. Internetauftritt in ihrer Qualität, Quantität und optischen Aufmachung an diese Zielgruppen angepasst werden. Nur so wird die Verbreitung der Informationen auch den gewünschten Effekt erzielen. Nun stellen sich aber zwei Fragen: Wie kommt man an die Adressen neuer Kunden? Wie/Durch welche Medien kontaktiert man die potenziellen neuen Kunden? Selbstverständlich kann es auf beide Fragen keine allgemein verbindliche und gültige Antwort geben. Vielmehr muss jedes Hotel je nach seinen individuellen Gegebenheiten agieren. Hier ein Überblick zu sinnvollen Gestaltungsalternativen:

Neukunden-Akquisition im Event-Management I

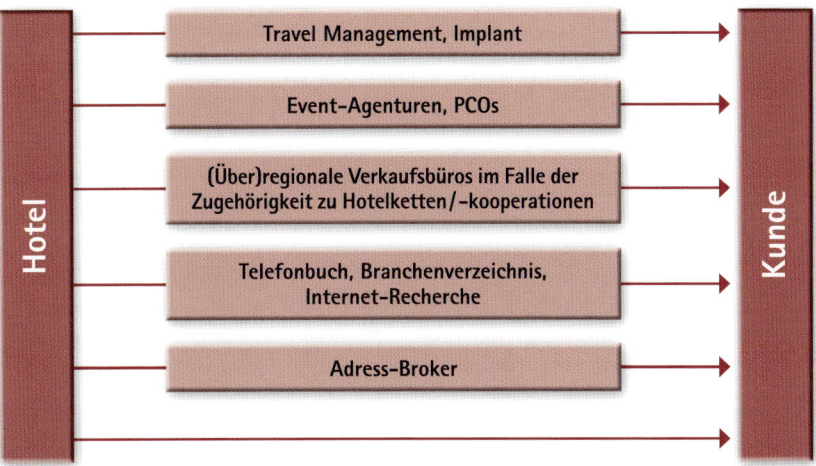

Sind nun die richtigen Kunden (egal, ob es sich um die Endkunden oder zwischengeschaltete Agenturen handelt) gefunden, müssen die relevanten Informationen zum Hotelprodukt in professioneller und der Zielgruppe entsprechender Art und Weise zur Verfügung gestellt werden. Nachstehend eine Auswahl möglicher Informationswege zwischen Hotel und Kunde:

INFO ⓘ

■ Persönlicher Kontakt (Anruf, Brief, E-Mail oder Besuch)

■ Mailing in Papier- oder elektronischer Form

■ Zusammenstellen zielgruppenspezifischer Informationspakete auf der Homepage, die vom Kunden ohne Aufwand aufzufinden und herunterzuladen sind

Zur Informationsweitergabe via Internet ist zu bemerken, dass es sich dabei selbstverständlich nicht um einen proaktiven Vorgang seitens des Hotels vergleichbar mit einem Informationsbrief handelt. Denn hier muss der Kunde aktiv werden und die Homepage des Hotels öffnen. Der proaktive Charakter kommt hier in der Suchmaschinen-Optimierung zum Vorschein. Das Hotel gestaltet entweder selbst beispielsweise durch den Einsatz sogenannter „AdWords" – kostenpflichtige Anzeigen inkl. Links auf Google, die bei der Eingabe bestimmter Suchbegriffe erscheinen – oder mit Hilfe spezialisierter Anbieter den Auftritt des Hotels auf der meistgenutzten Suchmaschinenseite Google. Dem Kunden wird somit also die Internetrecherche um ein Vielfaches vereinfacht und er kommt ohne großen Aufwand zu den gewünschten Informationen. Je einfacher und unkomplizierter der Vorgang für den Kunden, desto größer ist die Chance, dass er sich tatsächlich zur Buchung im Hotel entscheidet. Auch wenn eine Suchmaschinenoptimierung in der Regel mit einem nicht geringen Kostenaufwand verbunden ist, so lohnt sich dieser häufig bei der Gegenüberstellung der Kosten und des wohl anderweitig nicht realisierbaren Kontaktvolumens.

Bezieht man nun also die Suchmaschinen-Optimierung in den proaktiven Prozess mit ein, lässt sich die Grafik zur Neukunden-Akquisition wiefolgt vervollständigen:

Neukunden-Akquisition im Event-Management II

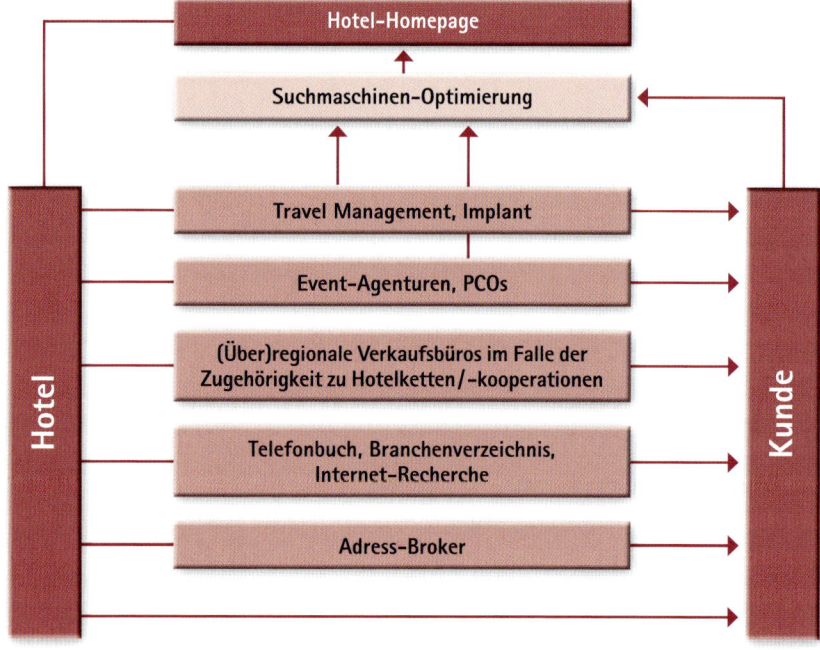

■ Zusammenfassung 3.8

- ■ Sauberkeit, Ordnung und Übersichtlichkeit bilden die Basis der Büroorganisation.

- ■ Kleiderordnung, Telefonetikette, Informationsaustausch sowie das Ablagesystem sollten nach klaren Richtlinien eindeutig geregelt, kommuniziert und in allen Hierarchieebenen eingehalten werden.

- ■ Da das Internet inzwischen bei der Auflistung der Recherchemedien für Veranstaltungs- stätten an erster Stelle steht, ist ein professionell gestalteter Internetauftritt inklusive Grundriss-Plänen, Bestuhlungsmöglichkeiten, Tagungspauschalen, Zusatzleistungen und einem elektronisch generierten Anfrageformular (RFP) für die Tagungshotellerie unerlässlich.

- ■ Durch eine organisierte Abwesenheitsvertretung im Telefon- wie E-Mail-Verkehr wird dem Kunden Professionalität vermittelt.

- ■ Empfehlungen für eine bestimmtes EDV-System bzw. eine bestimmte Programmversion können nicht allgemein gegeben werden, da die Gegebenheiten und Anforderungen eines jeden Hotelbetriebs zu unterschiedlich sind.

- ■ Eine Leistungsübersicht kann in Online-Demoversionen gewonnen werden.

- ■ Erfolgsfaktoren beim Einsatz von Hotelsoftware im MICE sind professionelle Installa- tionsvorbereitung, intensive Schulung sowie regelmäßige Programmpflege.

- ■ Selbst beim Einsatz spezifischer Hotelsoftware empfiehlt es sich, für jede Event- Buchung einen sog. „File", in dem alle relevanten Informationen übersichtlich geordnet sind, anzulegen.

- ■ Der „File" durchläuft im Laufe seines „Lebens" verschiedenste Ordnungssysteme und Abteilungen.

- ■ Dadurch, dass dem jeweils zuständigen Mitarbeiter der File mit sämtlichen Informa- tionen vorliegt, wird dem Kunden Professionalität vermittelt.

- ■ Um eine vergangenheitsbezogene Preis- und Kontingentplanung realisieren zu können, müssen sämtliche Reservierungsanfragen (auch solche, die direkt abgelehnt oder später storniert werden) erfasst und dokumentiert werden.

■ Aktivitäten, Traces und To-Do-Listen unterstützen die Termin-Koordination. Außerdem kann so die Mitarbeiter-Kontrolle bzw. -bewertung vereinfacht werden.

■ Eine regelmäßig durchgeführte SWOT-Analyse in Verbindung mit einer Konkurrenzanalyse, die speziell auf die MICE-Bereiche der Hotels ausgerichtet ist, verhindert Betriebsblindheit und regt zu immer neuen Verbesserungsvorschlägen im Servicekonzept und Arbeitsablauf an.

■ Der proaktive Verkauf wird in der Tagungshotellerie leider häufig nur rudimentär betrieben.

■ Das proaktive Konzept sollte die Neukunden-Akquisition, Kundenbindungsmöglichkeiten sowie die Gestaltung von Präsentationsmappen oder des Internet-Auftritts abdecken.

■ Neukunden-Akquisition kann über die klassischen Wege ebenso wie über eine ausgeklügelte Suchmaschinenoptimierung gestaltet werden.

Angebots- und Vertragsgestaltung 4

4.1 ■ Anfragenbearbeitung

Die Buchungsentscheidung fällt für viele potenzielle Kunden bereits in der Phase der Anfragenbearbeitung. Hier spielt eine professionelle und zeitnahe Rückantwort auf die Anfrage eine wichtige Rolle. Steht beispielsweise eine bestimmte Destination bereits fest, so erhält häufig dasjenige Hotel, das die Buchungsanfrage am schnellsten beantwortet – sei es direkt mit einem Angebot oder mit spezifischen Rückfragen, um ein maßgeschneidertes Angebot erstellen zu können –, den Zuschlag. Dabei dürfen selbstverständlich Entscheidungskriterien wie Lage und Ausstattung des Hotels bzw. der Räumlichkeiten oder auch der Preis nicht unbeachtet bleiben. Die Praxis zeigt jedoch, dass eine schnelle und klar strukturierte Angebotserstellung ein Differenzierungsmerkmal gegenüber Konkurrenzbetrieben darstellt.

Eine professionelle Büroorganisation unterstützt den Angebotsprozess:

Anfragenbearbeitung

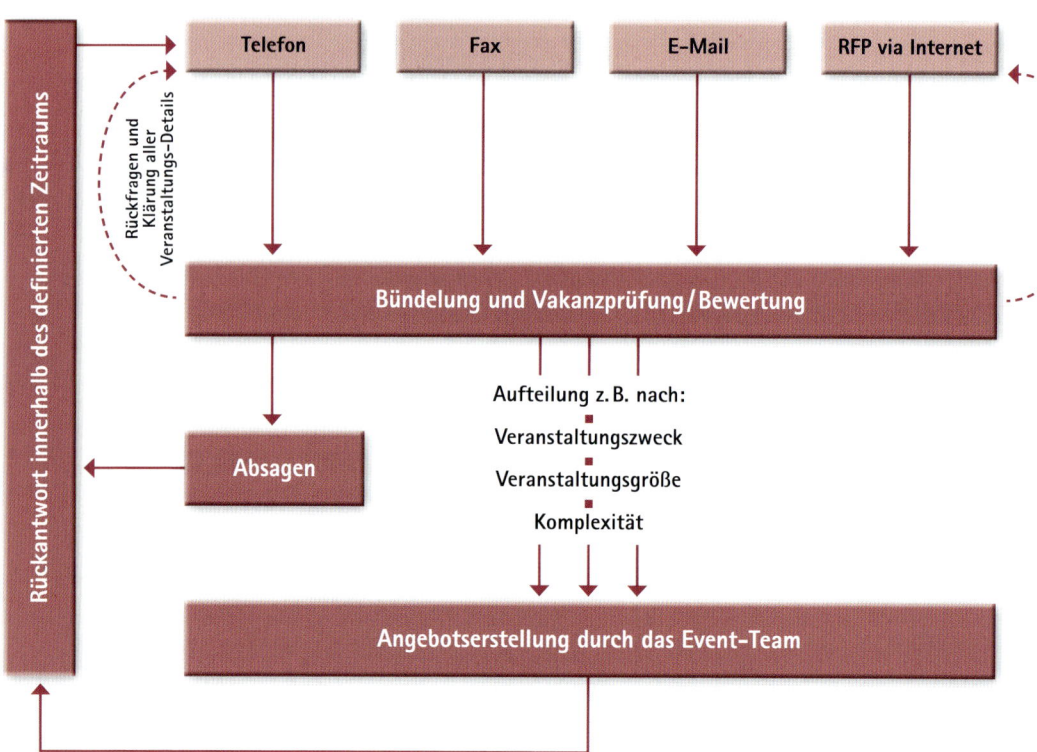

Wie in der Grafik ersichtlich, werden Anfragen in der Regel durch die Medien Telefon, Fax und E-Mail bzw. *RFP* via Internet empfangen. Dabei nehmen die elektronischen Anfragen stetig zu und stellen bereits jetzt in den meisten Betrieben prozentual gesehen den Hauptanteil dar. Um bei telefonischen Anfragen sicherzustellen, dass alle relevanten Informationen vorliegen bzw. abgeklärt werden, empfiehlt es sich, ein standardisiertes Formular zu entwickeln. Mit Hilfe dieses Anfragen-Formulars werden Adressdaten sowie Veranstaltungstermin und -details abgefragt. Als Veranstaltungsdetails können hierbei Personenzahl, Bestuhlungsart, technische Ausstattung oder Zimmeranzahl gelten. Ein beispielhaftes Formular ist unter 11.1. zu finden. Übrigens ist es ratsam, dass auch die Mitarbeiter des Verkaufsteams stets diese Anfragenformulare gemeinsam mit ihren Präsentationsunterlagen zu Terminen mitnehmen. Sollte sich im Rahmen eines Verkaufsgesprächs eine Buchungsanfrage ergeben (nach dem Motto: „Wo Sie gerade da sind, fällt mir ein, dass ich gerade dabei bin, eine Vorstandstagung zu organisieren. Ihr Hotel scheint mir exakt für diesen Rahmen geeignet zu sein. Vielleicht könnten Sie mir für die folgenden Anforderungen ein Angebot erstellen?"), so können gleich vor Ort sämtliche Daten notiert werden. Das ausgefüllte Formular wird dann an die Kollegen in der Bankett-Administration weitergeleitet und darauf basierend ein Angebot ausgearbeitet. Anfragen, die per Fax oder E-Mail im Hotel eingehen, enthalten meist alle relevanten Informationen. Bei Unklarheiten oder nicht aufgeführten Details ist es besser, mit dem Kunden Rücksprache zu halten. Diese „nochmalige Störung" wird der Kunde als weniger ärgerlich empfinden, als ein Angebot, das nicht seinen eigentlichen Vorstellungen entspricht. Denn ob er dann nochmals das Hotel kontaktiert, um ein modifiziertes Angebot zu erhalten – während er vom Konkurrenzhotel bereits ein seinen Vorstellungen entsprechendes vorliegen hat –, ist fraglich. Idealerweise ist (spätestens durch Nachfragen) die Konzeptidee der Veranstaltung erkennbar. Beispiele hierfür wären Produktpräsentationen, Incentives, Teambuilding oder reine Tagungsveranstaltungen. Dies ermöglicht die Erstellung eines ganzheitlichen Angebotes, evtl. unter Einbeziehung von Angeboten externer Partner zu einzelnen Programmpunkten (z. B. Stadtführungen, Abendessen oder Teambuilding außer Haus) – siehe Kapitel 9.6.

An der Auflistung aller Informationen von Seiten des Kunden lässt sich meist recht schnell erkennen, ob es sich um einen erfahrenen Veranstaltungsorganisator handelt oder nicht. So nennt beispielsweise der Tagungs-Manager eines Großunternehmens bereits sämtliche Anforderungen in einer Art und Weise, die keine Nachfragen erforderlich machen. Da die Organisation von Tagungen und Veranstaltungen sein tägliches Geschäft ist, handelt es sich hier um Profis, die genau wissen, was sie wollen. Organisiert aber andererseits der Vorstand eines Vereins seine erste Jahreshauptversammlung, so wird er höchstwahrscheinlich die beratende Unterstützung des Hotelmitarbeiters benötigen.

In den meisten Fällen liegen hier zwar einige Grundanforderungen vor, allerdings müssen Details wie mögliche Bestuhlungsformen, geplante Verpflegung etc. abgestimmt werden.

Die eingehenden Anfragen sollten erst gebündelt und dann zur Bearbeitung an die entsprechenden Mitarbeiter aufgeteilt werden. So kann sichergestellt werden, dass keine Anfrage übersehen oder nicht mehr innerhalb des definierten Zeitlimits bearbeitet wird. Praktischerweise sollten alle Anfragen, wenn sie bereits gesammelt vorliegen, auf ihre Verfügbarkeit hin überprüft werden. Dabei wird erstens die tatsächliche Vakanz an Hotelzimmern und entsprechenden Tagungsräumen – entweder im Reservierungsbuch oder im eingesetzten EDV-System – nachgesehen.

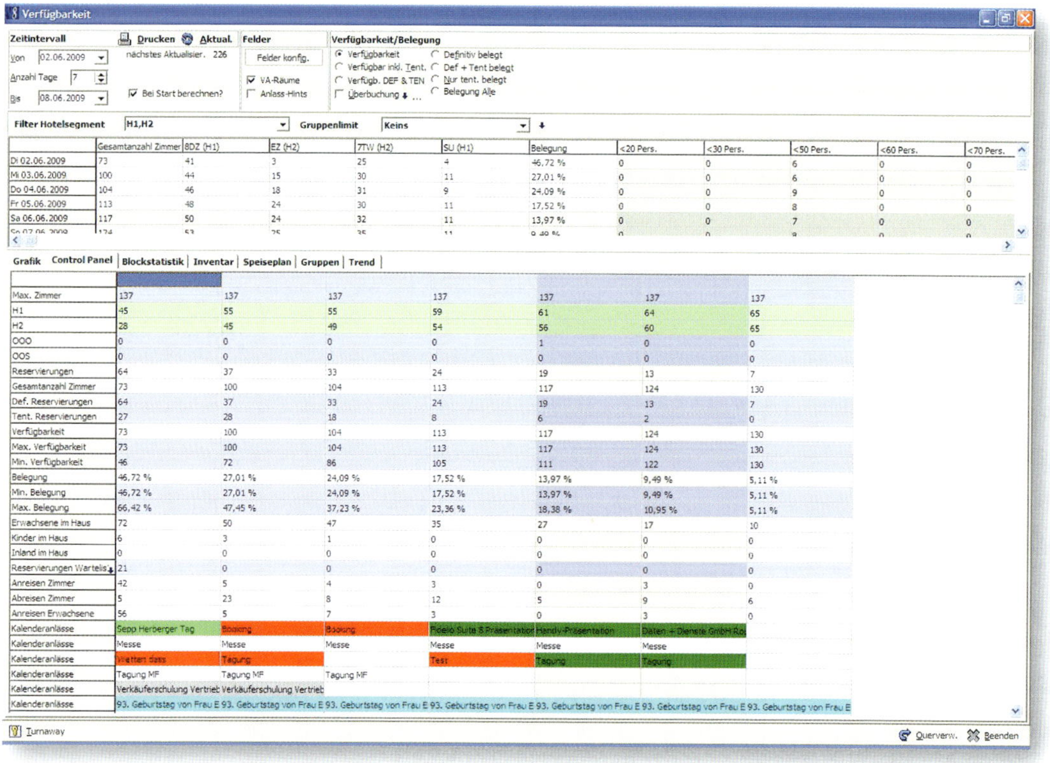

Verfügbarkeit;

Micros-Fidelio GmbH,

Suite8

Sind Kapazitäten vorhanden, so folgt im zweiten Schritt die Beurteilung der Anfrage hinsichtlich eines umfassenden Yield Managements (vgl. auch Kapitel 6.1.). Je nach Buchungslage und Saison kann es sein, dass zwar Tagungsräume verfügbar wären, die Anfrage aber dennoch abgelehnt wird, weil keine Hotelzimmer mit angefragt wurden.

WICHTIG

- **Anfragen sammeln und auf ihre Verfügbarkeit prüfen.**
- **Yield Management stellt die Grundlage für die Angebotsgestaltung dar.**

Beispielsweise ist der Event-Manager seiner Erfahrung nach davon überzeugt, dass zu dieser bestimmten Jahreszeit noch weitere Anfragen eintreffen werden, die dann auch Hotelzimmer beinhalten. So könnte also ein für das gesamte Hotel gesehen besserer Profit erzielt werden. In der Folge wird die eingehende Buchungsanfrage in Erwartung alternativer Anfragen mit höherem Gesamtumsatz abgelehnt. Neben der reinen Beurteilung der Auslastungsprognose kann aber auch die Bonität bzw. das Image der anfragenden Firma oder der geplanten Veranstaltung ein Kriterium darstellen. Die Zahlungsfähigkeit eines Unternehmens kann durch gezielte Anfrage der Bonität bei hierauf spezialisierten Institutionen sichergestellt werden. In vielen Fällen wird hier eine sog. *„Schufa-Auskunft"* herangezogen. Tagungsteilnehmer oder Veranstaltungsgäste verbinden – auch unbewusst – das Hotelimage mit demjenigen der besuchten Veranstaltung. Handelt es sich also um eine zwielichtige Produktpräsentation, kann dies ein schlechtes Licht auf das Hotel an sich werfen, obwohl dieses eigentlich gar nichts mit dem Kundenunternehmen zu tun hat. Diese Beurteilung von Anfragen wird in der Regel vom Hotelmanagement – häufig gemeinsam vom Reservierungs- und Verkaufsleiter – vorgenommen. Abschließend empfiehlt es sich einerseits zu prüfen, ob ähnliche oder gar gleich lautende Anfragen vorliegen. Es kommt tatsächlich häufig vor, dass Unternehmen selbst sowie über eine Agentur oder aber über verschiedene Agenturen dieselbe Veranstaltung anfragen. Selbstverständlich muss hier in allen Angeboten derselbe Preis für den Endkunden – also gegebenenfalls unter Einbeziehen einer Agenturprovision – quotiert werden. Andererseits muss kontrolliert werden, welche Veranstaltungen außer der angefragten zum selben Termin im Hotel geplant sind. Es kann zu Problemen kommen, wenn zwei konkurrierende Unternehmen (insbesondere Pharma-, Consulting- oder Automobil-Konzerne) zur gleichen Zeit im selben Hotel tagen. Vergleichbarkeit der Produkte und Kommunikation zwischen den Mitarbeitern der Konkurrenzfirmen sind unerwünscht. Leider ist diese Situation nicht immer einfach vorher zu sehen: Agenturen fragen häufig lediglich unter ihrem Namen an, ohne den Endkunden zu nennen. Dieser sollte also explizit nachgefragt werden, falls er nicht automatisch bekannt ist. Im nächsten Schritt erfolgt für diejenigen Anfragen, die mit einem Angebot beantwortet werden sollen, die Preisfestsetzung. Der oben beschriebene Prozess wird in der nachfolgenden Grafik anschaulich dargestellt:

Vakanzprüfung

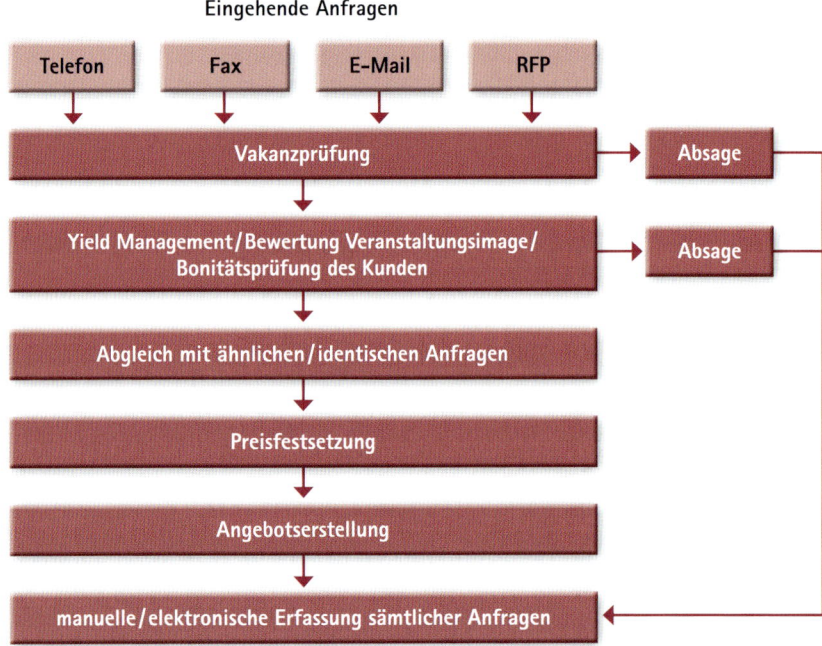

Eingehende Anfragen

| Telefon | Fax | E-Mail | RFP |

Vakanzprüfung → Absage

Yield Management / Bewertung Veranstaltungsimage / Bonitätsprüfung des Kunden → Absage

Abgleich mit ähnlichen / identischen Anfragen

Preisfestsetzung

Angebotserstellung

manuelle / elektronische Erfassung sämtlicher Anfragen

Ein wichtiger Punkt wird leider in vielen Hotels übersehen: Auch Anfragen, die entweder aus Gründen der nicht vorhandenen Vakanz oder aber aus hotelpolitischen Interessen wie Revenue Management oder Image abgelehnt werden, sollten dokumentiert werden. Wird mit einem EDV-System gearbeitet, so werden die Anfragen wie eine normale Buchung eingegeben, allerdings direkt im Buchungsstatus LOS (vgl. Kapitel 3.4.). So erscheinen diese nicht weiter verfolgten Anfragen in späteren Statistiken. Für den gleichen Buchungszeitraum im nächsten Jahr kann dann auf die Erfahrungswerte der Vergangenheit (z.B. „im Monat Mai hätten wir so viele Anfragen für Zimmer und Tagungsräume gehabt, dass keine Tagungsräume ohne Zimmerbuchung hätten akzeptiert werden sollen") zurückgegriffen und so eine sinnvolle Verkaufstrategie entwickelt werden. Im Umgang mit einem Reservierungsbuch sollten zumindest die Daten und wichtigsten Informationen (Anzahl der angefragten Zimmer und Bankettanforderungen) notiert und archiviert werden. Ebenso wie Veranstaltungsangebote sind auch Absagen in professioneller Art und Weise zu bearbeiten. Im vorgegebenen Zeitrahmen ist ein höfliches Schreiben, das Bedauern über die Absage ausdrückt, an den Kunden zu senden. Auch sollte ein Satz enthalten sein, der besagt, dass sich das Hotel sehr über weitere zukünftige Anfragen freuen würde. Liegt der Grund der Absage in terminlichen Vakanzproblemen, so sollten entweder buchbare

Alternativdaten angeboten oder nach möglichen Ausweichterminen des Kunden gefragt werden. Stets ist dabei zu beachten, dass eine Absage nicht den endgültigen Verlust des Kunden bedeutet, sondern durch eine professionelle Kommunikation vielleicht sogar die Chance auf ein Folgegeschäft besteht.

Sobald alle Anfragen vorliegen, die mit einem Angebot beantwortet werden sollen, erfolgt die Quotierung. D.h. die Preise für die angefragten Leistungen werden festgesetzt. Je nach anfragendem Kunden und Saison werden die Standard-Zimmer und -Bankettpreise oder aber Sonderkonditionen angeboten. In Abstimmung mit dem Revenue Management und unter Beachtung der von den Konkurrenzbetrieben angebotenen Preise wird entschieden, ob eine mögliche Veranstaltungsanfrage selbst im harten Preiskampf unbedingt abgeschlossen werden soll (beispielsweise in extrem belegungsschwachen Zeiten) oder ob die Anfrage nur zu festgelegten Konditionen akzeptiert wird. In diesem Fall wird eine Ablehnung des Angebots in Kauf genommen, da etwa mit weiteren vergleichbaren Anfragen gerechnet wird. Dies könnte zu Messezeiten der Fall sein.

Die Bearbeitung der quotierten Anfragen sollte im Rahmen eines vorgegebenen Zeitlimits erfolgen. In größeren Häusern liegt dies in der Regel bei max. 24 Stunden – nach Möglichkeit am selben Arbeitstag. In kleineren Häusern, in denen vielleicht nur ein Mitarbeiter hierfür in Frage kommt, der außerdem auch noch andere Tätigkeiten wahrnimmt (beispielsweise Rezeptionsdienst), ist dies oft nicht realisierbar. Hier empfiehlt sich eine kurze Rückmeldung beim Kunden. Es genügt bereits ein kurzes Standard-Fax oder -E-Mail um zu zeigen, dass die Anfrage sehr wohl gerade bearbeitet wird und ein detailliertes Angebot baldmöglichst folgen wird. So sieht der Kunde, dass sein Anliegen ernst genommen und nicht etwa beiseite gelegt wird.

Dauer der Angebotserteilung

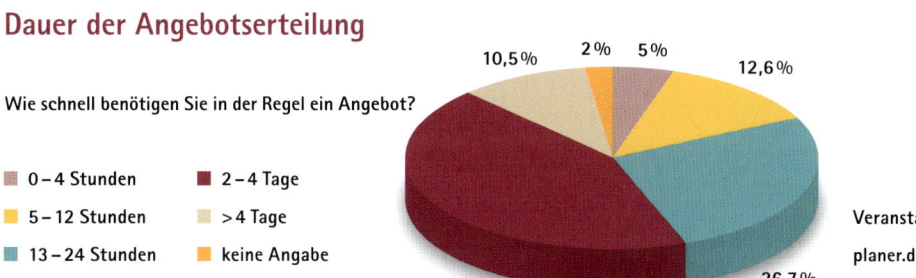

Wie schnell benötigen Sie in der Regel ein Angebot?

- 0–4 Stunden
- 5–12 Stunden
- 13–24 Stunden
- 2–4 Tage
- >4 Tage
- keine Angabe

10,5% 2% 5% 12,6% 26,7%

Veranstaltungsplaner.de-Studie 2008

Fast die Hälfte der Befragten wünscht das Angebot innerhalb eines Tages. 43,3% sind auch mit dem Erhalt des Angebotes zwischen zwei und vier Tagen zufrieden. Einen großen Vorteil bei der Abgabe eines Angebotes sind die in der Hotellerie häufig genutzten RFP (Request for Proposal) Formulare.

Die tatsächliche Bearbeitung der quotierten Anfragen sollte – für den Fall, dass die Event-Abteilung aus mehr als einer Person besteht – je nach Aufgabenschwerpunkten erfolgen. Diese könnten nach folgendem Schema aufgeteilt werden: reine Bankett-Buchungen, kleine und große Veranstaltungen (Zimmer und Bankett) oder beispielsweise nach Veranstaltungsbranchen. So arbeitet jeweils der Mitarbeiter Angebote für sein Spezialgebiet aus.

4.2   ■ Angebotserstellung

Zusammenfassend aus dem vorangegangenen Kapitel können die Erfolgsfaktoren für die Angebotserstellung wie folgt definiert werden:

■ Vollständiges Angebot – ggf. werden fehlende Veranstaltungsdetails und eventuelle Buchungsrichtlinien vor der Angebotserstellung nachgefragt.

■ Zeitnahes Angebot (max. 24 Stunden, nach Möglichkeit am selben Arbeitstag).

Aus der nachstehenden Grafik wird ersichtlich, dass die von den Unternehmen vorgegebenen Richtlinien im *MICE* stetig zunehmen und inzwischen in bereits etwa der Hälfte aller buchenden Unternehmen implementiert wurden.

Veranstaltungsrichtlinien im MICE

Gibt es Richtlinien der Buchung von Veranstaltungen im Segment MICE?

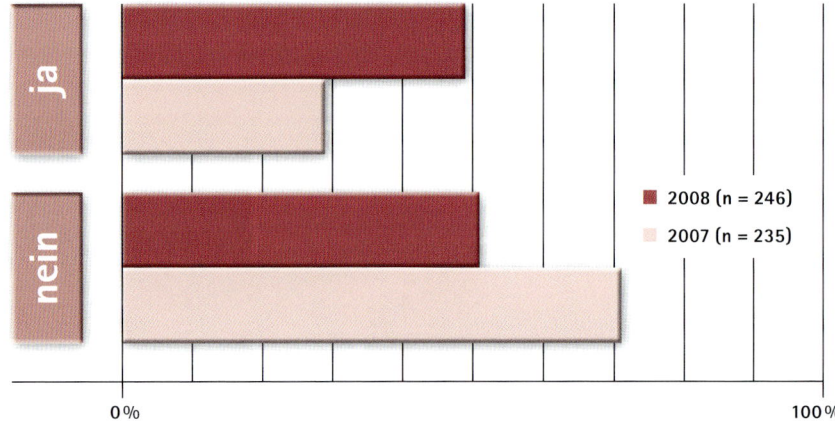

Veranstaltungs-Report
Deutschland 2008,
psychonomics AG

0 %　　　　　　　　　　　　　　　　　　　　　　100 %

2008 (n = 246)
2007 (n = 235)

Das bedeutet, dass ein tatsächlich maßgeschneidertes Angebot, das vom Kunden ohne Nachbesserungswunsch akzeptiert werden kann, nur dann realisierbar ist, wenn diese Richtlinien dem Hotel vorliegen. Professionelle Tagungsplaner übermitteln diese dem Hotel meist automatisch im Zuge der Anfrage. Besser ist es jedoch, generell die Existenz von Richtlinien abzuklären. Beispiele für in der Praxis übliche Richtlinien sind:

- Zimmer-/Frühstücks-/Tagungspauschalen-Preisobergrenze
- Zahlungs- und Stornierungsfristen
- Darstellung der angebotenen Leistungen

Insbesondere der letzte Punkt lässt sich in der täglichen Routine begründen. Nur durch eine einheitliche Darstellung der Angebote verschiedener Hotels werden diese wirklich vergleichbar. Um diese einheitliche Darstellung sicher zu stellen, bitten viele Unternehmen potenzielle Partnerhotels, ihre Angebote in übersichtliche Quotierungsformulare zu übertragen. Bei darüber hinausgehenden Richtlinien des Kunden muss das Hotel entscheiden, ob es generell oder im Einzelfall dazu bereit ist, ggf. von den eigenen AGBs abzurücken und die des Kunden zu akzeptieren. Ist dies nicht der Fall, muss von der Angebotserstellung abgesehen und dem Kunden eine Absage übermittelt werden.

Wie wichtig das Zusammenspiel von vollständigem Angebot einerseits und zeitnaher Übermittlung andererseits ist, wird in der folgenden Grafik deutlich:

Anzahl der Angebote

Wie viele Veranstaltungsstätten werden pro Veranstaltung in die Angebotsprüfung aufgenommen?

7,6% 2,6% 5,2% 84,7%

- 1 Veranstaltungsstätte
- 2 – 5 Veranstaltungsstätten
- > 5 Veranstaltungsstätten
- keine Angabe

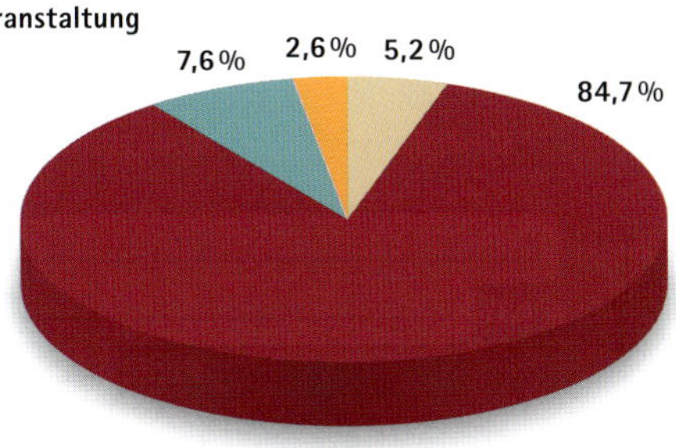

Veranstaltungs-planer.de-Studie 2008

84,7% der Corporate Planner holen 2 bis 5 Angebote ein und vergleichen sie, um das beste Preis-Leistungsverhältnis herauszufiltern und das am besten geeignete Angebot nutzen zu können.
Das zeigt einen deutlichen Wettbewerb unter den Veranstaltungsstätten und lässt die Schlussfolgerung zu, dass kundenorientierte, individuelle Angebote eine deutlich höhere Aufmerksamkeit beim Kunden erzielen.

Die Zahl der Kunden, die für ihre geplante Veranstaltung nur 1 Angebot anfordern ist im Vergleich zum Rest verschwindend gering. Die absolute Mehrheit wählt den späteren Veranstaltungsort aus mindestens 2, häufig aber sogar aus mehr als 5 Angeboten.

Ein vollständiges Angebot, sollte – je nach Umfang der angefragten Leistungen – Informationen zu den folgenden Punkten enthalten:

INFO

- Allgemeine Hotelinformationen

- Übersicht der angefragten Hotelzimmer inkl. Angabe der Zimmerkategorien und Preise – sollte das Frühstück nicht im Zimmerpreis inkludiert sein, Angabe des Frühstückspreises

- Übersicht der angefragten Tagungs- oder Event-Räumlichkeiten inkl. Angabe der Raummieten, Tagungspauschalen und etwaiger Zusatzleistungen wie Tagungstechnik

- Optionsdatum (bis zu welchem die Kontingente frei gehalten werden)

- Minimal benötigte Personenzahl, um die angegebenen Konditionen garantieren zu können

- Zahlungsbedingungen, insbesondere Höhe der geforderten Anzahlung

- Stornobedingungen für die gesamte Veranstaltung bzw. zulässige Personenreduzierungen

- Evtl. Angabe der Provisionshöhe bei Agenturbuchungen

- Eigene Ideen für die Gestaltung eines individuellen Charakters der Veranstaltungen (in Bezug auf Mottogebung, Dekoration, Rahmenprogramm, etc.) – allerdings sollte darauf geachtet werden, dass nur Konzeptideen angegeben werden; eine Ausformulierung könnte unter Umständen auf ein konkurrierendes Angebot übertragen werden

Bei der Angabe des Optionsdatums muss ganz klar kommuniziert werden, ob die Kontingente tatsächlich exklusiv frei gehalten werden oder ob ein Zwischenverkauf nach Rücksprache möglich ist. Eine weitere Möglichkeit stellt die Gewährung einer sog. „2. Option" dar. Das heißt, aufgrund bereits bestehender Option ist eine Reservierung des Kontingents derzeit nicht möglich. Sollte aber der andere Kunde die Option nicht fristgerecht in eine Festbuchung umwandeln, rückt die 2. Option in die Position der 1. Option auf.

Insbesondere der letzte Punkt in der Aufzählung sollte mit größter Sorgfalt behandelt werden. Zuerst einmal gilt es herauszufinden, ob die Agentur lieber mit Provisionszahlung oder aber mit Nettopreisen arbeitet. Im Fall von Nettopreisen bestimmt die Agentur selbst den Aufschlag und somit den Endpreis für den Kunden. Das Angebot muss also jeweils so gestaltet werden, dass der Kunde (wie in Kapitel 4.1 besprochen) bei Mehrfachanfragen stets denselben Endpreis und außerdem niemals den Netto-Agenturpreis erhält.

Die weiteren Punkte werden im Angebot meist nur kurz und erst dann im Vertrag ausführlicher angesprochen. Der Einfachheit halber fassen viele Hotels diese Konditionen in allgemein gültigen *AGBs* zusammen und stellen diese den Kunden zur Verfügung.

Generell ist festzustellen, dass der Trend ganz klar weg von Standardangeboten, in denen nur die entsprechenden Veranstaltungsdaten angepasst werden, geht. Da allerdings die Standardisierung einfacher und kostengünstiger realisierbar ist, muss jedes Hotel seinen eigenen Mittelweg zwischen nötiger Standardisierung und gewünschter Individualisierung finden. Eine völlige Individualisierung ist beispielsweise bei der Luxushotelkette Capella zu finden. Hier gibt es weder vorgefertigte Menüvorschläge oder Angebotsbausteine noch standardmäßige Kundenkorrespondenz jedweder Art. Stattdessen wird jede Kundenanfrage komplett individuell behandelt und ein maßgeschneidertes Angebot erstellt. Da diese Art der Kundenbetreuung eine überproportional hohe Mitarbeiteranzahl im Event-Management nötig macht und somit entsprechend hohe Kosten verursacht, wird sie wohl leider kaum auf die mittelständische und Markenhotellerie übertragbar sein. Die meisten Tagungshotels arbeiten daher im Kompromiss mit teil-individualisierten Angeboten. Möglich wird dies einerseits durch den Einsatz von Textprogrammen, in denen verschiedenste vorgefertigte Textbausteine kombiniert werden. Andererseits ist das automatische Generieren von Angeboten mittels der gängigen Software-Programme (siehe Kapitel 3.3) inzwischen sehr komfortabel geworden. Hotelketten gehen teilweise sogar soweit, eigenständige elektronische Angebots-Programme zu entwickeln. So arbeitet beispielsweise Marriott Int. mit sogenannten „E-Proposals". Hier werden Textbausteine, Veranstaltungsdaten und Fotos derart kombiniert, dass der Kunde ein maßgeschneidertes Angebot per E-Mail bekommt, das er – anwenderfreundlich aufbereitet – entweder am Bildschirm begutachten, speichern oder in gedruckter Version bearbeiten kann. Im Rahmen der „Emotionalisierung" werden inzwischen bald schon standardmäßig unpersönliche und nur wenig aussagekräftige Zahlen und Hotelfakten mit ansprechendem Bildmaterial kombiniert.

Nachstehend zwei Praxis-Beispiele – E-Proposal von Marriott sowie ein Veranstaltungsangebot des InterContinental Berlin:

PRAXISBEISPIEL

Praxisbeispiel Veranstaltungsangebot I:
E-Proposal Renaissance Düsseldorf Hotel – ein Auszug:

— Unser individueller VERTRAG DR 51425 für

05/06/2009

Frau Nicola Zech
ZECH HOTEL MARKETING
Karlsfelder Strasse 23
80995 München
Germany

Sehr geehrte Frau Zech,

wir danken für Ihre Anfrage in unserem Hause und freuen uns, daß Sie Ihre Übernachtungen vom 13. bis 15. Juli 2009 & Ihre Veranstaltung am 13. und 14. Juli 2009 im RENAISSANCE DÜSSELDORF HOTEL planen.

Anbei übersenden wir Ihnen den Veranstaltungs- und Beherbergungsvertrag. Dieser Vertrag kommt rechtswirksam dadurch zustande, daß dem Hotel bis spätestens 04. Juni 2009 der vom Veranstalter unterzeichnete Vertrag zugeht. Eine von uns gegengezeichnete Ausfertigung werden wir Ihnen umgehend zukommen lassen.

Bei weiteren Fragen und Wünschen stehen wir Ihnen jederzeit gerne unter der Rufnummer (0211) 6216 244 oder e-mail maria.giongrandi@renaissancehotels.com zur Verfügung.

Wir danken für die Bevorzugung unseres Hauses und freuen uns schon heute, Sie und Ihre Gäste bei uns begrüßen zu dürfen.

Mit freundlichen Grüßen

Maria Giongrandi
Event Booking Center Manager
Telefon: 49 211 6216 244
Fax: 49 211 6216 666
E-Mail:

Renaissance Duesseldorf Hotel | Noerdlicher Zubringer 6 | Duesseldorf 40470

Einzelzimmer

... machen Sie es sich gemütlich
Die 244 elegant eingerichteten und ruhigen Gästezimmer haben eine Mindestgröße von 28 qm und sind ausgestattet mit schalldichten Fenstern, Farbfernseher, internationalem Kabelfernsehen wie CNN, Super Channel und NBC, zwei Selbstwahltelefonen mit Anrufbeantworter, Modemanschluß, Klimaanlage, Hosenbügler, Minibar, Queen-size und King-size Betten. W-Lan ist im ganzen Hotel verfügbar.

Ihr Veranstaltungsraum

–Veranstaltungsdetails

ANGEBOTS-NR.: DR 51425	DATUM:	Montag, 13. Juli 2009	Dienstag, 14. Juli 2009
	ANLAß:	Aufbau	Schulung 1
	UHRZEIT:	- ab 19.30 Uhr kostenfrei, gerne schauen wir kurzfristig ob ein früherer Aufbau möglich ist. (- für einen garantierten Aufbau ab 17.00 Uhr berechnen wir zur Bereitstellung eine reduzierte Raummiete von € 250,00.)	von 09.30 Uhr bis 13.00 Uhr
	und		
	ANLAß:	---	Schulung 2
	UHRZEIT:	---	von 13.30 Uhr bis 17.30 Uhr
	RÄUMLICHKEIT:	1 Raum mit ca. 120qm und Tageslicht	1 Raum mit ca. 120qm und Tageslicht
	BESTUHLUNG:	parlamentarisch	parlamentarisch
	PERSONENZAHL:	---	je 30 Personen

	Kosten pro Stück/Tag
1 Flipchart	inkl. Pauschale
1 Overhead Projektor	inkl. Pauschale
1 Leinwand im Tagungsraum	inkl. Pauschale
Beamer & Laptop	vom Veranstalter
1 Ablagetisch	kostenfrei
Schreibmaterial	inkl. Pauschale

Hotelbeschreibung

Wir möchten Ihnen unser Haus kurz vorstellen:

Das Renaissance Düsseldorf Hotel gehört zu MARRIOTT HOTELS & RESORTS INT., wurde 1983 eröffnet und ist ein First Class Business Hotel (4 Sterne) in Düsseldorf.

Die zentrale Lage des RENAISSANCE DÜSSELDORF HOTEL ermöglicht es, den internationalen Flughafen (5 Kilometer), den Hauptbahnhof (4 Kilometer), das Messegelände (4 Kilometer) und die attraktive Innenstadt von Düsseldorf bequem in wenigen Minuten zu erreichen. Das Hotel ist durch die gute Anbindung an die Autobahnen A52 aus nördlicher Richtung und A3 aus südlicher Richtung auch bequem mit dem Auto zu erreichen.

Die 244 elegant eingerichteten und ruhigen Gästezimmer haben eine Mindestgröße von 28 qm und sind ausgestattet mit: schalldichten Fenstern, Farbfernseher, internationalem Kabelfernsehen wie CNN, Super Channel und NBC, 2 Selbstwahltelefonen mit Anrufbeantworter und Modemanschluß, Klimaanlage, Hosenbügler, Bügelbrett mit Bügeleisen, Minibar, Queen-size und King-size Betten.

Über die Jahre haben wir unseren hohen Standard an Qualität und Service kontinuierlich verbessert. Das Hotel verfügt über hochmodernstes W-LAN-Technik mit Zugang in allen Hotelbereichen.

Die All-In-One Business Rooms sind für Geschäftsreisende und Wochenendgäste gleichermaßen von Vorteil.
Unsere 11 klimatisierten Konferenzräume bieten den idealen Rahmen für alle Anlässe wie Konferenzen, Seminare, Empfänge, Geschäftsessen, Gala-Abende und vieles mehr für bis zu 520 Personen. Die entsprechende technische Ausrüstung steht Ihnen im Hotel zur Verfügung. Acht Suiten können ebenfalls als Besprechungsräume in angenehmer Atmosphäre genutzt werden.

In unserem Restaurant "Summertime" genießen Sie die Köstlichkeiten internationaler und mediterraner Küche mit dazu korrespondierenden Weinen. In "Mandy's Bar" lassen Sie den Abend gemütlich bei einem tropischen Cocktail oder einem kühlen Bier ausklingen.

Nach anstrengenden Arbeitsstunden oder einer langen Reise können Sie sich im Panorama – Schwimmbad mit Sauna und Dampfbad erholen.

Weitere Informationen finden sie unter:
www.renaissanceduesseldorf.de / www.renaissanceduesseldorf.com

Hotelprospekt

Wir sind für Sie da

Um Ihre Veranstaltung bestmöglichst gestalten zu können, möchten wir Sie bitten, uns Ihre wichtigsten zum maximalen Erfolg Ihrer Veranstaltung beitragenden Kriterien mitzuteilen.

1._____

2._____

3._____

Fragebogen

Um einen reibungslosen Ablauf Ihrer Veranstaltung zu gewährleisten,
möchten wir Sie bitten uns folgende Fragen zu beantworten:

1.) Name des Seminarleiters / Ansprechpartners vor Ort:

2.) Wünschen Sie einen Empfangstisch vor dem Raum zur Registrierung Ihrer Gäste?

3.) Wünschen Sie einen Vorstandstisch für Referenten?

4.) Möchten Sie Aschenbecher im Raum eingedeckt haben?
(Seid dem 01.01.2008 gilt ein Rauchverbot im öffentlichen Bereich.)

5.) Dürfen während der Tagung Telefongespräche durchgestellt werden?

6.) Übernehmen Sie Kosten für Telefonate, Telefaxe oder Fotokopien?

7.) Übernehmen Sie die Kosten für die ÖFFENTLICHE Tiefgarage mit direktem Anschluß an
unser Hotel? Pro Stunde EURO 1,00, Pro Tag EURO 10,00.

8.) Übernehmen Sie die Kosten für die Garderobe? Pro Kleidungsstück EURO 1,50.

9.) Werden für Ihre Tagung Seminarunterlagen angeliefert?

10.) Wünschen Sie einen Kaffee-Empfang?

11.) Zeitlicher Ablauf Ihrer Veranstaltung?

12.) Genaue Personenzahl?

13.) Werden die Kosten für weitere Getränke zum Mittagessen von Ihnen getragen? Wenn ja,
dürfen dann auch alkoholische Getränke serviert werden?

14.) Bitte teilen Sie uns die gewünschte Ausschilderung des Tagungsraumes mit.

15.) Nennen Sie uns bitte die gewünschte Rechnungslegung/Rechnungsadresse.

Vertragsannahme:

Wenn Sie mit allen Teilen des Vertrages einverstanden sind, (die Geschäftsbedingungen finden Sie
oben in unserem Vertrag) bitten wir Sie, ihn ordnungsgemäß mit Firmenstempel zu versehen, zu
unterzeichnen und an uns bis **04. Juni 2009** zurückzusenden.
Sollten wir den Vertrag bis zu diesem Datum nicht erhalten, behalten wir uns vor, die Zimmer
und/oder Veranstaltungsräume in den freien Verkauf zurückzugeben.

Die oben genannten Reservierungen halten wir für Sie auf tentativer Basis.
Mit Erhalt des unterschriebenen Vertrages buchen wir die Reservierung definitiv.

_____
Firmenname des Veranstalters

_____
Name des Vertragsunterzeichers Datum/Stempel/Unterschrift (in Druckbuchstaben)

Sollten Sie weitere Fragen haben, oder Informationen benötigen, bitte rufen Sie uns an, wir
stehen Ihnen jederzeit gerne zur Verfügung. Tel: 0211 6216 244 / Fax: 0211 6216 666 /
maria.giongrandi@renaissancehotels.com)

Wir danken für die Bevorzugung unseres Hauses und freuen uns, Sie und Ihre Gäste bei uns
begrüßen zu dürfen.

Mit freundlichen Grüßen

Ihr

Renaissance Düsseldorf Hotel

Corona Bürger/Group & Event Supervisor i.V. für Maria Concetta Giongrandi/Event Booking
Center Manager

Thank You! We look forward to hearing from you! **Marriott.**

Praxisbeispiel Veranstaltungsangebot II:
InterContinentalBerlin – ein Auszug:

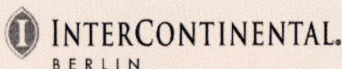

Berlin, 05. November 2008

Sehr geehrte Frau XXX,

vielen Dank für Ihre freundliche Anfrage und das Interesse am InterContinental Berlin.
Wir freuen uns sehr, dass Sie das InterContinental Berlin, für den Aufenthalt Ihrer Gäste und die Ausrichtung
der Veranstaltung berücksichtigen.

Auf den nachfolgenden Seiten finden Sie das detaillierte Angebot mit vielen weiteren Informationen über
unser Hotel und den Service, den wir Ihren Gästen bieten.

Wir werden Sie Morgen bezüglich weiterer Details oder offener Fragen kontaktieren und halten das Angebot für
Sie bis zum 7. Oktober 2008 optional reserviert.

Bei Fragen und Wünschen stehen wir Ihnen jederzeit gerne zur Verfügung.

Mit freundlichen Grüßen

XXX
Convention Sales Manager
INTERCONTINENTAL BERLIN
0049 (0)30 2602 1176
0049 (0)30 2615 057
xxx@ihg.com

InterContinental Berlin
Budapester Str. 2 · 10787 Berlin, Germany · Tel. +49 (30) 2602-0 · Fax. +49 (30) 2602-2600 · Internet: www.berlin.intercontinental.com

Zimmerangebot
Angebotsnummer:

Zimmereinheiten	Superior	Deluxe	Junior Suites	Superior Clubfloor	Gesamt
Montag 17. Nov. 2008	5	--	--	--	5
Dienstag 18. Nov. 2008	5	--	--	--	5

Zimmerrate	Superior	Deluxe	Junior Suites	Superior Clubfloor
Einzelbelegung	€ 153,00	€ 181,00	€ 209,00	€ 218,00
Doppelbelegung	€ 173,00	€ 201,00	€ 229,00	€ 238,00

Die Preise verstehen sich pro Zimmer und Nacht, inklusive 19% Mehrwertsteuer und Service. Unser reichhaltiges Frühstücksbüffet ist im Zimmerpreis enthalten.

Kofferservice, Zimmerverteilung berechnen wir mit € 3,00 pro Person/Weg.

Neben den luxuriösen, gediegenen InterContinental - Zimmern im Westflügel des Hauses erwarten unsere Gäste im modernisierten Ostflügel 291 edel ausgestattete Zimmer mit einem völlig neuen, extravaganten Raumkonzept.

InterContinental Berlin
Budapester Str. 2 · 10787 Berlin, Germany · Tel +49 (30) 2602-0 · Fax +49 (30) 2602-2600 Internet www.berlin.intercontinental.com

Veranstaltungsangebot
Angebotsnummer:

DATE	TIME	EVENT	FUNCTION SPACE	SETUP STYLE	ATT.	RAUMMIETE
18.11.08	09:00-18:00	Konferenz	Schinkel III	U Form	25	Pauschale
	09:00-18:00	Breakout 2	Lincke II	Boardroom style	12	€ 500,00
	09:00-18:00	Breakout 1	Lincke I	Boardroom style	12	€ 500,00
	10:00-10:30	Kaffeepause	Conference Lounge	Stehtische	25	--
	12:00-15:00	Lunch	LA Cafe IV	Restaurant	25	--
	15:00-15:30	Kaffeepause	Conference Lounge	Stehtische	25	--

Die Bereitstellungskosten sind fixe Kosten, die für Auf- und Abbau, Energie, Personal und Reinigung verwendet werden.

Internet mit Highspeed
Sie wollen vernetzt arbeiten? Sie möchten E-Mails, oder große Datenmengen wie Videos, Bilder und Musikdateien senden und empfangen und sich über VPN mit Ihrem Firmennetzwerk verbinden? Dank unseres 100 Mbit/s Glasfaser-Backbone Internetzugang werden Ihre Daten in wenigen Augenblicken übertragen! Diese hochperformante Internetanbindung steht in jedem Zimmer und jedem Konferenzraum und in der Hotelhalle zur Verfügung und ist in dieser Kombination führend in ganz Europa!

InterContinental Berlin
Budapester Str. 2 · 10787 Berlin, Germany · Tel. +49 (30) 2602-0 · Fax. +49 (30) 2602-2600 · Internet: www.berlin.intercontinental.com

Tagungspauschale

Gerne bieten wir Ihnen alternativ zur Einzelabrechnung folgende Varianten von Tagungspauschalen an.

Tagungspauschale **All you need** (minimum 20 Gäste) inklusive:

➤ Raummiete des Haupt-Konferenzraumes entsprechend der Personenzahl
➤ Ihr Conference Concierge zur persönlichen Betreuung Ihrer Veranstaltung
➤ Alle alkoholfreien Getränke im Haupttagungsraum
➤ Unser durch chinesische Einflüsse vitaminreich und leicht zubereitetes Lunchbuffet inklusive alkoholfreier Getränke und Kaffee/ Tee nach dem Essen
➤ Kaffeepause Vormittags: Kaffee und eine vielfältigen Teeauswahl von Ronnefeldt, Snacks nach Wahl der Küche wie z.B. erfrischende Joghurtsorten, saisonalen Obstauswahl und hausgemachtes Teegebäck
➤ Kaffeepause Nachmittags: Kaffee und Teeauswahl, Snacks nach Wahl der Küche wie z.B. frischer Obst- und Streuselkuchen vom Blech, kleine Auswahl an herzhaften "Kleinigkeiten", wie zB. Crustinis mit Pesto
➤ Die Auswahl zu den Kaffeepausen wechselt täglich

Preis € 79,00 pro Person / Tag

Tagungspauschale **All you need Business** (minimum 20 Gäste) inklusive:

➤ Raummiete des Haupt-Konferenzraumes entsprechend der Personenzahl
➤ Ihr Conference Concierge zur persönlichen Betreuung Ihrer Veranstaltung
➤ *LCD Projektor entsprechend der Größe des Tagungsraumes, Flipchart, Leinwand*
➤ Alle alkoholfreien Getränke im Haupttagungsraum
➤ Unser durch chinesische Einflüsse vitaminreich und leicht zubereitetes Lunchbuffet inklusive alkoholfreier Getränke und Kaffee/ Tee nach dem Essen
➤ Kaffeepause Vormittags: Kaffee und eine vielfältigen Teeauswahl von Ronnefeldt, Snacks nach Wahl der Küche wie z.B. erfrischende Joghurtsorten, saisonalen Obstauswahl und hausgemachtes Teegebäck
➤ Kaffeepause Nachmittags: Kaffee und Teeauswahl, Snacks nach Wahl der Küche wie z.B. frischer Obst- und Streuselkuchen vom Blech, kleine Auswahl an herzhaften "Kleinigkeiten", wie zB. Crustinis mit Pesto
➤ Die Auswahl zu den Kaffeepausen wechselt täglich

Preis € 89,00 pro Person / Tag

InterContinental Berlin
Budapester Str. 2 · 10787 Berlin, Germany · Tel. +49 (30) 2602-0 · Fax. +49 (30) 2602-2600 · Internet www.berlin.intercontinental.com

4.3 ■ Follow-Up

Ein professionelles Follow-Up stellt unbestritten ein Merkmal der Service-Qualität eines Hotels dar, durch das es sich eindeutig von der Konkurrenz abheben kann. Hier zeigt sich, wer über die Erstellung eines vollständigen und fristgerechten Angebots hinausgehend, eine (in Kapitel 3 ausführlich dargestellte) professionelle Büroorganisation implementiert hat. Leider muss man ehrlich zugeben, dass dies in der Tagungshotellerie nicht standardmäßig zu erwarten ist. Daher ist hier ein Alleinstellungsmerkmal für diejenigen zu sehen, die sehr wohl koordiniert und gut organisiert arbeiten.

Standardmäßig sollte der Kunde innerhalb der ersten zwei Tage nach Erhalt des Angebotes kontaktiert werden, ob das Angebot vollständig und verständlich formuliert ist. Bestehende Unklarheiten können so von Anfang an ausgeräumt und fehlende Informationen ohne ein erforderliches Nachhaken seitens des Kunden ergänzt werden. Der nächste Anruf ist kurz vor Ablauf des Optionsdatums mit dem Hinweis auf den baldigen Verfall des reservierten Kontingents fällig.

In der Praxis wird das Follow-Up vereinfacht und professionalisiert durch:

- Einsatz der „Gruppen-Checkliste" (siehe Kapitel 11.3)
- Terminmanagement mit Hilfe von Aktivitäten, Traces und To-Do-Listen (siehe Kapitel 3.5)

4.4 ■ Vertragsgestaltung

Ist nun bis zum Ablauf des Optionsdatums eine Einigung mit dem Kunden erreicht und seine Buchungsbereitschaft klar signalisiert, so wird aus dem – inzwischen möglicherweise modifizierten – Angebot ein Vertragsentwurf. Der Veranstaltungsvertrag enthält selbstverständlich die Veranstaltungsdetails des Angebotes. Ergänzt wird er aber durch ausführlichere vertragsrechtliche Grundlagen. Diese werden standardmäßig in den Allgemeinen Geschäftsbedingungen (*AGB*) eines Hotels bzw. eines Hotelkonzerns festgelegt. Dabei kann ein Hotel nicht unbedingt selbst die Konditionen bestimmen, sondern ist an verbindliche rechtliche Grundlagen des jeweiligen Landes oder Staates gebunden. Daher ist eine rechtliche Beratung bei der Erstellung von AGBs unumgänglich. Ein auf Vertragsrecht spezialisierter Anwalt wird klären, welche Vertragspunkte frei gestaltbar und wo gesetzliche Restriktionen zu beachten sind. Durch diese juristische Beratung im Vorfeld wird späteren Anfechtungen des Vertragswerkes entgegengewirkt. Selbstverständlich zeigt die betriebliche Praxis, dass in den frei bestimmbaren Konditionen (z. B. Stornofristen oder Anzahlungsmodalitäten) durchaus – insbesondere auf Kundenwunsch – Modifikationen im Einzelfall vorgenommen werden.

Nachstehend ein Praxisbeispiel für Allgemeine Geschäftsbedingungen – im Hotelzimmer- wie im Veranstaltungsbereich:

PRAXISBEISPIEL

Allgemeine Geschäftsbedingungen für Hotelzimmer und Veranstaltungen:

ALLGEMEINE GESCHÄFTSBEDINGUNGEN FÜR DEN HOTELAUFNAHMEVERTRAG (STAND: OKTOBER 2009)

I. GELTUNGSBEREICH

1. Diese Geschäftsbedingungen gelten für Verträge über die mietweise Überlassung von Hotelzimmern zur Beherbergung sowie alle in diesem Zusammenhang für den Kunden erbrachten weiteren Leistungen und Lieferungen des Hotels (Hotelaufnahmevertrag). Der Begriff „Hotelaufnahmevertrag" umfasst und ersetzt folgende Begriffe: Beherbergungs-, Gastaufnahme-, Hotel-, Hotelzimmervertrag.

2. Die Unter- oder Weitervermietung der überlassenen Zimmer sowie deren Nutzung zu anderen als Beherbergungszwecken bedürfen der vorherigen Zustimmung des Hotels in Textform, wobei § 540 Absatz 1 Satz 2 BGB abbedungen wird, soweit der Kunde nicht Verbraucher ist.

3. Allgemeine Geschäftsbedingungen des Kunden finden nur Anwendung, wenn dies vorher ausdrücklich in Textform vereinbart wurde.

II. VERTRAGSABSCHLUSS, -PARTNER, VERJÄHRUNG

1. Der Vertrag kommt durch die Annahme des Antrags des Kunden durch das Hotel zustande. Dem Hotel steht es frei, die Zimmerbuchung in Textform zu bestätigen.

2. Vertragspartner sind das Hotel und der Kunde. Hat ein Dritter für den Kunden bestellt, haftet er dem Hotel gegenüber zusammen mit dem Kunden als Gesamtschuldner für alle Verpflichtungen aus dem Hotelaufnahmevertrag, sofern dem Hotel eine entsprechende Erklärung des Dritten vorliegt.

3. Alle Ansprüche gegen das Hotel verjähren grundsätzlich in einem Jahr ab dem gesetzlichen Verjährungsbeginn. Schadensersatzansprüche verjähren kenntnisunabhängig in fünf Jahren, soweit sie nicht auf einer Verletzung des Lebens, des Körpers, der Gesundheit oder der Freiheit beruhen. Diese Schadensersatzansprüche verjähren kenntnisunabhängig in zehn Jahren. Die Verjährungsverkürzungen gelten nicht bei Ansprüchen, die auf einer vorsätzlichen oder grob fahrlässigen Pflichtverletzung des Hotels beruhen.

III. LEISTUNGEN, PREISE, ZAHLUNG, AUFRECHNUNG

1. Das Hotel ist verpflichtet, die vom Kunden gebuchten Zimmer bereitzuhalten und die vereinbarten Leistungen zu erbringen.

2. Der Kunde ist verpflichtet, die für die Zimmerüberlassung und die von ihm in Anspruch genommenen weiteren Leistungen vereinbarten bzw. geltenden Preise des Hotels zu zahlen. Dies gilt auch für vom Kunden veranlasste Leistungen und Auslagen des Hotels an Dritte. Die vereinbarten Preise schließen die jeweilige gesetzliche Umsatzsteuer ein.

3. Das Hotel kann seine Zustimmung zu einer vom Kunden gewünschten nachträglichen Verringerung der Anzahl der gebuchten Zimmer, der Leistung des Hotels oder der Aufenthaltsdauer des Kunden davon abhängig machen, dass sich der Preis für die Zimmer und/oder für die sonstigen Leistungen des Hotels erhöht.

4. Rechnungen des Hotels ohne Fälligkeitsdatum sind binnen 10 Tagen ab Zugang der Rechnung ohne Abzug zahlbar. Das Hotel kann die unverzügliche Zahlung fälliger Forderungen jederzeit vom Kunden verlangen. Bei Zahlungsverzug ist das Hotel berechtigt, die jeweils geltenden gesetzlichen Verzugszinsen in Höhe von derzeit 8% bzw. bei Rechtsgeschäften, an denen ein Verbraucher beteiligt ist, in Höhe von 5% über dem Basiszinssatz zu verlangen. Dem Hotel bleibt der Nachweis eines höheren Schadens vorbehalten.

5. Das Hotel ist berechtigt, bei Vertragsschluss vom Kunden eine angemessene Vorauszahlung oder Sicherheitsleistung in Form einer Kreditkartengarantie, einer Anzahlung oder Ähnlichem zu verlangen. Die Höhe der Vorauszahlung und die Zahlungstermine können im Vertrag in Textform vereinbart werden. Bei Vorauszahlungen oder Sicherheitsleistungen für Pauschalreisen bleiben die gesetzlichen Bestimmungen unberührt.

6. In begründeten Fällen, z.B. Zahlungsrückstand des Kunden oder Erweiterung des Vertragsumfanges, ist das Hotel berechtigt, auch nach Vertragsschluss bis zu Beginn des Aufenthaltes eine Vorauszahlung oder Sicherheitsleistung im Sinne vorstehender Nr. 5 oder eine Anhebung der im Vertrag vereinbarten Vorauszahlung oder Sicherheitsleistung bis zur vollen vereinbarten Vergütung zu verlangen.

7. Das Hotel ist ferner berechtigt, zu Beginn und während des Aufenthaltes vom Kunden eine angemessene Vorauszahlung oder Sicherheitsleistung im Sinne vorstehender Nr. 5 für bestehende und künftige Forderungen aus dem Vertrag zu verlangen, soweit eine solche nicht bereits gemäß vorstehender Nummern 5 und/oder 6 geleistet wurde.

8. Der Kunde kann nur mit einer unstreitigen oder rechtskräftigen Forderung gegenüber einer Forderung des Hotels aufrechnen oder verrechnen.

VI. ZIMMERBEREITSTELLUNG, -ÜBERGABE UND -RÜCKGABE

1. Der Kunde erwirbt keinen Anspruch auf die Bereitstellung bestimmter Zimmer, soweit dieses nicht ausdrücklich in Textform vereinbart wurde.

2. Gebuchte Zimmer stehen dem Kunden ab 15:00 Uhr des vereinbarten Anreisetages zur Verfügung. Der Kunde hat keinen Anspruch auf frühere Bereitstellung.

3. Am vereinbarten Abreisetag sind die Zimmer dem Hotel spätestens um 12:00 Uhr geräumt zur Verfügung zu stellen. Danach kann das Hotel aufgrund der verspäteten Räumung des Zimmers für dessen vertragsüberschreitende Nutzung bis 18:00 Uhr 50% des vollen Logispreises (Listenpreises) in Rechnung stellen, ab 18:00 Uhr 100%. Vertragliche Ansprüche des Kunden werden hierdurch nicht begründet. Ihm steht es frei, nachzuweisen, dass dem Hotel kein oder ein wesentlich niedrigerer Anspruch auf Nutzungsentgelt entstanden ist.

VII. HAFTUNG DES HOTELS

1. Das Hotel haftet für seine Verpflichtungen aus dem Vertrag. Ansprüche des Kunden auf Schadensersatz sind ausgeschlossen. Hiervon ausgenommen sind Schäden aus der Verletzung des Lebens, des Körpers oder der Gesundheit, wenn das Hotel die Pflichtverletzung zu vertreten hat, sonstige Schäden, die auf einer vorsätzlichen oder grob fahrlässigen Pflichtverletzung des Hotels beruhen und Schäden, die auf einer vorsätzlichen oder fahrlässigen Verletzung von vertragstypischen Pflichten des Hotels beruhen. Einer Pflichtverletzung des Hotels steht die eines gesetzlichen Vertreters oder Erfüllungsgehilfen gleich. Sollten Störungen oder Mängel an den Leistungen des Hotels auftreten, wird das Hotel bei Kenntnis oder auf unverzügliche Rüge des Kunden bemüht sein, für Abhilfe zu sorgen. Der Kunde ist verpflichtet, das ihm Zumutbare beizutragen, um die Störung zu beheben und einen möglichen Schaden gering zu halten.

2. Für eingebrachte Sachen haftet das Hotel dem Kunden nach den gesetzlichen Bestimmungen. Danach ist die Haftung beschränkt auf das Hundertfache des Zimmerpreises, jedoch höchstens € 3.500,- und abweichend für Geld, Wertpapiere und Kostbarkeiten höchstens bis zu € 800,-. Geld, Wertpapiere und Kostbarkeiten können bis zu einem Höchstwert von € (Versicherungssumme des Hotels einsetzen) im Hotel- oder Zimmersafe aufbewahrt werden. Das Hotel empfiehlt, von dieser Möglichkeit Gebrauch zu machen.

3. Soweit dem Kunden ein Stellplatz in der Hotelgarage oder auf einem Hotelparkplatz, auch gegen Entgelt, zur Verfügung gestellt wird, kommt dadurch kein Verwahrungsvertrag zustande. Bei Abhandenkommen oder Beschädigung auf dem Hotelgrundstück abgestellter oder rangierter Kraftfahrzeuge und deren Inhalte haftet das Hotel nicht, außer bei Vorsatz oder grober Fahrlässigkeit. Für den Ausschluss der Schadensersatzansprüche des Kunden gilt die Regelung der vorstehenden Nummer 1, Sätze 2 bis 4 entsprechend.

4. Weckaufträge werden vom Hotel mit größter Sorgfalt ausgeführt.
Nachrichten, Post und Warensendungen für die Gäste werden mit Sorgfalt behandelt. Das Hotel übernimmt die Zustellung, Aufbewahrung und – auf Wunsch – gegen Entgelt die Nachsendung derselben. Für den Ausschluss von Schadensersatzansprüchen des Kunden gilt die Regelung der vorstehenden Nummer 1, Sätze 2 bis 4 entsprechend.

VIII. SCHLUSSBESTIMMUNGEN

1. Änderungen und Ergänzungen des Vertrages, der Antragsannahme oder dieser Allgemeinen Geschäftsbedingungen sollen in Textform erfolgen. Einseitige Änderungen oder Ergänzungen durch den Kunden sind unwirksam.
2. Erfüllungs- und Zahlungsort ist der Standort des Hotels.

3. Ausschließlicher Gerichtsstand – auch für Scheck- und Wechselstreitigkeiten – ist im kaufmännischen Verkehr der gesellschaftsrechtliche Sitz des Hotels. Sofern ein Vertragspartner die Voraussetzung des § 38 Absatz 2 ZPO erfüllt und keinen allgemeinen Gerichtsstand im Inland hat, gilt als Gerichtsstand der gesellschaftsrechtliche Sitz des Hotels.
4. Es gilt deutsches Recht. Die Anwendung des UN-Kaufrechts und des Kollisionsrechts ist ausgeschlossen.
5. Sollten einzelne Bestimmungen dieser Allgemeinen Geschäftsbedingungen unwirksam oder nichtig sein oder werden, so wird dadurch die Wirksamkeit der übrigen Bestimmungen nicht berührt. Im Übrigen gelten die gesetzlichen Vorschriften.

Quelle: Hotelverband Deutschland (IHA) e.V.

ALLGEMEINE GESCHÄFTSBEDINGUNGEN FÜR VERANSTALTUNGEN (STAND: OKTOBER 2009)

I. GELTUNGSBEREICH

1. Diese Geschäftsbedingungen gelten für Verträge über die mietweise Überlassung von Konferenz-, Bankett- und Veranstaltungsräumen des Hotels zur Durchführung von Veranstaltungen wie Banketten, Seminaren, Tagungen, Ausstellungen und Präsentationen etc. sowie für alle in diesem Zusammenhang für den Kunden erbrachten weiteren Leistungen und Lieferungen des Hotels.
2. Die Unter- oder Weitervermietung der überlassenen Räume, Flächen oder Vitrinen sowie die Einladung zu Vorstellungsgesprächen, Verkaufs- oder ähnlichen Veranstaltungen bedürfen der vorherigen Zustimmung des Hotels in Textform, wobei § 540 Abs. 1 Satz 2 BGB abbedungen wird, soweit der Kunde nicht Verbraucher ist.
3. Allgemeine Geschäftsbedingungen des Kunden finden nur Anwendung, wenn dies vorher ausdrücklich in Textform vereinbart wurde.

II. VERTRAGSABSCHLUSS, -PARTNER, HAFTUNG, VERJÄHRUNG

1. Der Vertrag kommt durch die Annahme des Antrags des Kunden durch das Hotel zustande; diese sind die Vertragspartner. Dem Hotel steht es frei, die Buchung der Veranstaltung in Textform zu bestätigen.
2. Ist der Kunde/Besteller nicht der Veranstalter selbst bzw. wird vom Veranstalter ein gewerblicher Vermittler oder Organisator eingeschaltet, so haftet der Veranstalter zusammen mit dem Kunden gesamtschuldnerisch für alle Verpflichtungen aus dem Vertrag, sofern dem Hotel eine entsprechende Erklärung des Veranstalters vorliegt.
3. Das Hotel haftet für seine Verpflichtungen aus dem Vertrag. Ansprüche des Kunden auf Schadensersatz sind ausgeschlossen. Hiervon ausgenommen sind Schäden aus der Verletzung des Lebens, des Körpers oder der Gesundheit, wenn das Hotel die Pflichtverletzung zu vertreten hat, sonstige Schäden, die auf einer vorsätzlichen oder grob fahrlässigen Pflichtverletzung des Hotels beruhen und Schäden, die auf einer vorsätzlichen oder fahrlässigen Verletzung von vertragstypischen Pflichten des Hotels beruhen. Einer Pflichtverletzung des Hotels steht die eines gesetzlichen Vertreters oder Erfüllungsgehilfen gleich. Sollten Störungen oder Mängel an den Leistungen des Hotels auftreten, wird das Hotel bei Kenntnis oder auf unverzügliche Rüge des Kunden bemüht sein, für Abhilfe zu sorgen. Der Kunde ist verpflichtet, das ihm Zumutbare beizutragen, um die Störung zu beheben und einen möglichen Schaden gering zu halten. Im Übrigen ist der Kunde verpflichtet, das Hotel rechtzeitig auf die Möglichkeit der Entstehung eines außergewöhnlich hohen Schadens hinzuweisen.

4. Alle Ansprüche gegen das Hotel verjähren grundsätzlich in einem Jahr ab dem gesetzlichen Verjährungsbeginn. Schadensersatzansprüche verjähren kenntnisunabhängig in fünf Jahren, soweit sie nicht auf einer Verletzung des Lebens, des Körpers, der Gesundheit oder der Freiheit beruhen. Diese Schadensersatzansprüche verjähren kenntnisunabhängig in zehn Jahren. Die Verjährungsverkürzungen gelten nicht bei Ansprüchen, die auf einer vorsätzlichen oder grob fahrlässigen Pflichtverletzung des Hotels beruhen.

III. LEISTUNGEN, PREISE, ZAHLUNG, AUFRECHNUNG

1. Das Hotel ist verpflichtet, die vom Kunden bestellten und vom Hotel zugesagten Leistungen zu erbringen.
2. Der Kunde ist verpflichtet, die für diese und weitere in Anspruch genommenen Leistungen vereinbarten bzw. geltenden Preise des Hotels zu zahlen. Dies gilt auch für vom Kunden veranlasste Leistungen und Auslagen des Hotels an Dritte, insbesondere auch für Forderungen von Urheberrechtsverwertungsgesellschaften. Die vereinbarten Preise schließen die jeweilige gesetzliche Umsatzsteuer ein.
3. Rechnungen des Hotels ohne Fälligkeitsdatum sind binnen 10 Tagen ab Zugang der Rechnung ohne Abzug zahlbar. Das Hotel kann die unverzügliche Zahlung fälliger Forderungen jederzeit vom Kunden verlangen. Bei Zahlungsverzug ist das Hotel berechtigt, die jeweils geltenden gesetzlichen Verzugszinsen in Höhe von derzeit 8% bzw. bei Rechtsgeschäften, an denen ein Verbraucher beteiligt ist, in Höhe von 5% über dem Basiszinssatz zu verlangen. Dem Hotel bleibt der Nachweis eines höheren Schadens vorbehalten.
4. Das Hotel ist berechtigt, bei Vertragsschluss vom Kunden eine angemessene Vorauszahlung oder Sicherheitsleistung in Form einer Kreditkartengarantie, einer Anzahlung oder Ähnlichem zu verlangen. Die Höhe der Vorauszahlung und die Zahlungstermine können im Vertrag in Textform vereinbart werden.
5. In begründeten Fällen, z.B. Zahlungsrückstand des Kunden oder Erweiterung des Vertragsumfanges, ist das Hotel berechtigt, auch nach Vertragsschluss bis zu Beginn der Veranstaltung eine Vorauszahlung oder Sicherheitsleistung im Sinne vorstehender Nr. 4 oder eine Anhebung der im Vertrag vereinbarten Vorauszahlung oder Sicherheitsleistung bis zur vollen vereinbarten Vergütung zu verlangen.

6. Der Kunde kann nur mit einer unstreitigen oder rechtskräftigen Forderung gegenüber einer Forderung des Hotels aufrechnen oder verrechnen.

VI. ÄNDERUNGEN DER TEILNEHMERZAHL UND DER VERANSTALTUNGSZEIT

1. Eine Änderung der Teilnehmerzahl um mehr als 5% muss spätestens fünf Werktage vor Veranstaltungsbeginn dem Hotel mitgeteilt werden; sie bedarf der Zustimmung des Hotels in Textform.
2. Eine Reduzierung der Teilnehmerzahl durch den Kunden um maximal 5% wird vom Hotel bei der Abrechnung anerkannt. Bei darüber hinausgehenden Abweichungen wird die ursprünglich vereinbarte Teilnehmerzahl abzüglich 5% zugrunde gelegt. Der Kunde hat das Recht, den vereinbarten Preis um die von ihm nachzuweisenden, aufgrund der geringeren Teilnehmerzahl ersparten Aufwendungen zu mindern.
3. Im Fall einer Abweichung nach oben wird die tatsächliche Teilnehmerzahl berechnet.
4. Bei Abweichungen der Teilnehmerzahl um mehr als 10% ist das Hotel berechtigt, die vereinbarten Preise neu festzusetzen sowie die bestätigten Räume zu tauschen, es sei denn, dass dies dem Kunden unzumutbar ist.
5. Verschieben sich die vereinbarten Anfangs- oder Schlusszeiten der Veranstaltung und stimmt das Hotel diesen Abweichungen zu, so kann das Hotel die zusätzliche Leistungsbereitschaft angemessen in Rechnung stellen, es sei denn, das Hotel trifft ein Verschulden.

VII. MITBRINGEN VON SPEISEN UND GETRÄNKEN
Der Kunde darf Speisen und Getränke zu Veranstaltungen grundsätzlich nicht mitbringen. Ausnahmen bedürfen einer Vereinbarung mit dem Hotel in Textform. In diesen Fällen wird ein Beitrag zur Deckung der Gemeinkosten berechnet.

VIII. TECHNISCHE EINRICHTUNGEN UND ANSCHLÜSSE

1. Soweit das Hotel für den Kunden auf dessen Veranlassung technische und sonstige Einrichtungen von Dritten beschafft, handelt es im Namen, in Vollmacht und auf Rechnung des Kunden. Der Kunde haftet für die pflegliche Behandlung und die ordnungsgemäße Rückgabe. Er stellt das Hotel von allen Ansprüchen Dritter aus der Überlassung dieser Einrichtungen frei.

2. Die Verwendung von eigenen elektrischen Anlagen des Kunden unter Nutzung des Stromnetzes des Hotels bedarf dessen Zustimmung in Textform. Durch die Verwendung dieser Geräte auftretende Störungen oder Beschädigungen an den technischen Anlagen des Hotels gehen zu Lasten des Kunden, soweit das Hotel diese nicht zu vertreten hat. Die durch die Verwendung entstehenden Stromkosten darf das Hotel pauschal erfassen und berechnen.

3. Der Kunde ist mit Zustimmung des Hotels berechtigt, eigene Telefon-, Telefax- und Datenübertragungseinrichtungen zu benutzen. Dafür kann das Hotel eine Anschlussgebühr verlangen.

4. Bleiben durch den Anschluss eigener Anlagen des Kunden geeignete Anlagen des Hotels ungenutzt, kann eine Ausfallvergütung berechnet werden.

5. Störungen an vom Hotel zur Verfügung gestellten technischen oder sonstigen Einrichtungen werden nach Möglichkeit umgehend beseitigt. Zahlungen können nicht zurückbehalten oder gemindert werden, soweit das Hotel diese Störungen nicht zu vertreten hat.

IX. VERLUST ODER BESCHÄDIGUNG MITGEBRACHTER SACHEN

1. Mitgeführte Ausstellungs- oder sonstige, auch persönliche Gegenstände befinden sich auf Gefahr des Kunden in den Veranstaltungsräumen bzw. im Hotel. Das Hotel übernimmt für Verlust, Untergang oder Beschädigung keine Haftung, auch nicht für Vermögensschäden, außer bei grober Fahrlässigkeit oder Vorsatz des Hotels. Hiervon ausgenommen sind Schäden aus der Verletzung des Lebens, des Körpers oder der Gesundheit. Zudem sind alle Fälle, in denen die Verwahrung aufgrund der Umstände des Einzelfalls eine vertragstypische Pflicht darstellt, von dieser Haftungsfreizeichnung ausgeschlossen.

2. Mitgebrachtes Dekorationsmaterial hat den brandschutztechnischen Anforderungen zu entsprechen. Dafür einen behördlichen Nachweis zu verlangen, ist das Hotel berechtigt. Erfolgt ein solcher Nachweis nicht, so ist das Hotel berechtigt, bereits eingebrachtes Material auf Kosten des Kunden zu entfernen. Wegen möglicher Beschädigungen sind die Aufstellung und Anbringung von Gegenständen vorher mit dem Hotel abzustimmen.

3. Mitgebrachte Ausstellungs- oder sonstige Gegenstände sind nach Ende der Veranstaltung unverzüglich zu entfernen. Unterlässt der Kunde das, darf das Hotel die Entfernung und Lagerung zu Lasten des Kunden vornehmen. Verbleiben die Gegenstände im Veranstaltungsraum, kann das Hotel für die Dauer des Verbleibs eine angemessene Nutzungsentschädigung berechnen. Dem Kunden steht der Nachweis frei, dass der oben genannte Anspruch nicht oder nicht in der geforderten Höhe entstanden ist.

X. HAFTUNG DES KUNDEN FÜR SCHÄDEN

1. Sofern der Kunde Unternehmer ist, haftet er für alle Schäden an Gebäude oder Inventar, die durch Veranstaltungsteilnehmer bzw. -besucher, Mitarbeiter, sonstige Dritte aus seinem Bereich oder ihn selbst verursacht werden.

2. Das Hotel kann vom Kunden die Stellung angemessener Sicherheiten (z.B. Versicherungen, Kautionen, Bürgschaften) verlangen.

XI. SCHLUSSBESTIMMUNGEN

1. Änderungen und Ergänzungen des Vertrages, der Antragsannahme oder dieser Allgemeinen Geschäftsbedingungen sollen in Textform erfolgen. Einseitige Änderungen oder Ergänzungen durch den Kunden sind unwirksam.

2. Erfüllungs- und Zahlungsort ist der Standort des Hotels.

3. Ausschließlicher Gerichtsstand – auch für Scheck- und Wechselstreitigkeiten – ist im kaufmännischen Verkehr der gesellschaftsrechtliche Sitz des Hotels. Sofern ein Vertragspartner die Voraussetzung des § 38 Absatz 2 ZPO erfüllt und keinen allgemeinen Gerichtsstand im Inland hat, gilt als Gerichtsstand der gesellschaftsrechtliche Sitz des Hotels.

4. Es gilt deutsches Recht. Die Anwendung des UN-Kaufrechts und des Kollisionsrechts ist ausgeschlossen.

5. Sollten einzelne Bestimmungen dieser Allgemeinen Geschäftsbedingungen für Veranstaltungen unwirksam oder nichtig sein, so wird dadurch die Wirksamkeit der übrigen Bestimmungen nicht berührt. Im Übrigen gelten die gesetzlichen Vorschriften.

Quelle: Hotelverband Deutschland (IHA) e.V.

INFO

Für die Vertragsgestaltung gilt in Fortführung der Angebotsgestaltung:

- Abklären aller relevanten Veranstaltungsdetails, gegebenenfalls Rückfrage beim Kunden.

- Gestaltung variabler Vertragsbausteine in mehreren Sprachen.

- Individuell auf die Veranstaltung zugeschnittener Vertrag unter Einbau der Veranstaltungsdetails, passender Textbausteine sowie Visualisierung durch die Verwendung aussagekräftiger Fotos.

- Anhang der AGBs.

- Angabe des Unterschrifts-/erweiterten Optionsdatums.

Jedes Hotel muss auf seinem Zielgruppenmanagement sowie auf der historischen bzw. aktuellen Buchungslage basierend entscheiden, welche Fremdsprachen in der Vertragsgestaltung relevant sind. Standardmäßig kann davon ausgegangen werden, dass neben der Landessprache eine englische Übersetzung unabdingbar sein wird. Liegt aber beispielsweise der Haupt-Quellmarkt für Veranstaltungen in Frankreich, dürfte eine französische Version ebenfalls sinnvoll erscheinen. Wichtig ist dabei, zu beachten, dass die Übersetzungen korrekt und verständlich formuliert sind. Die schlampige Übersetzung eines Nicht-Muttersprachlers kann erstens zu Verständnisproblemen und zweitens – im schlechtesten Fall – zu juristischen Streiteren führen. Um dem aus dem Weg zu gehen, empfiehlt es sich, mindestens die AGBs von einem professionellen Dolmetscher übersetzen und einem ausländischen Anwalt gegenprüfen zu lassen.

Auch in der Vertragsgestaltung ist mehr und mehr zu sehen, dass Kunden ihre eigenen Entwürfe vorlegen und nicht unbedingt den des Hotels vorbehaltlos akzeptieren. Hier ist Vorsicht geboten: Das Hotel muss ganz genau klären, ob die gewünschten Vertragsmodalitäten nur eine zulässige Modifikation der eigenen AGBs darstellen oder ob sie evtl. in einigen Punkten nicht vereinbar sind.

Das im Vertrag angegebene Optionsdatum stellt eine Verlängerung der im Angebot vereinbarten Kontingentreservierung dar. Bis zu diesem Termin muss der Vertrag dem Hotel unterschrieben vorliegen, um die Kapazitäten verbindlich zu buchen. So gilt es auch in diesem

Fall, ein Follow-Up ins Terminmanagement einzubauen. Spätestens am Tag, an dem der unterschriebene Vertrag zurück erhalten sein sollte, kontaktiert der Event-Mitarbeiter den Entscheidungsträger im Kundenunternehmen mit dem Hinweis auf die fällige Vertragsunterzeichnung. Da diese Unterschrift oftmals nicht nur von einem, sondern mehreren Verantwortlichen geleistet bzw. autorisiert wird, kann es zu Verzögerungen kommen. Dennoch sollte von Seiten des Hotels zum Vertragsabschluss gedrängt werden. Insbesondere, wenn alternative Veranstaltungsanfragen für denselben Zeitraum vorliegen.

■ Verkaufsfähigkeiten 4.5

Im vorangegangenen Kapitel wurde bereits darauf eingegangen, dass von den Event-Mitarbeitern stets auf eine zeitnahe Vertragsunterschrift zu drängen ist. Ein Argument hierfür ist ganz klar die Konfliktsituation, sollten für den optionierten Veranstaltungszeitraum alternative Anfragen vorliegen. Zögert nämlich der Kunde die Vertragsbestätigung immer und immer wieder hinaus und entscheidet sich dann letztendlich doch gegen das Hotel als Veranstaltungsort, ist schlimmstenfalls die Alternativ-Anfrage bereits an die Konkurrenz verloren gegangen. Ein weiteres – betriebswirtschaftliches – Argument ist darin zu sehen, möglichst frühzeitig im Jahr große Veranstaltungen fest gebucht zu haben. Man spricht hier in der Hotelsprache von „business in the books". Mit diesem bestätigten Veranstaltungen kann geplant und kalkuliert werden hinsichtlich Personaleinsatz, Hotelauslastung und eingehender *Depositzahlungen*.

INFO

Darüber hinaus sollten die Verkaufsfähigkeiten der Event-Mitarbeiter im Rahmen der folgenden Punkte eingesetzt werden:

- ■ Zeitnahe Vertragsunterschrift.

- ■ Absatzsteigerung in verkaufsschwachen Zeiten.

- ■ Verkauf von Zusatzleistungen (z. B. Sektempfang, *Zimmerupgrades*, Hostessenservice etc.).

- ■ Zusatzverkauf provisionsfähiger Fremdleistungen (z. B. Bus-Transfers, Stadtrundfahrten, Theaterkarten o.ä.).

- ■ Planung des nächstjährigen oder ähnlicher Events direkt nach Veranstaltungsende.

INFO

Dabei kommen überwiegend Verkaufstechniken aus der folgenden Auswahl in Frage:

- Gewährung von vergünstigten oder kostenlosen Zusatzleistungen im Falle einer zeitnahen Vertragsunterzeichnung.

- Gewährung von Frühbucherrabatten.

- Gewährung von Sonderkonditionen bei Buchung einer Veranstaltungsreihe.

- Gestaltung eines Komplettprogramms inkl. Rahmenprogramm, Freizeitaktivitäten und Außer-Haus- Veranstaltungen – Arbeitsentlastung und vereinfachte Veranstaltungskalkulation für den Kunden.

- Herausstellen des Event-Charakters durch das Anbieten von Dekorations- und Beleuchtungskonzepten – Wettbewerbsvorteil von spezialisierten *Eventlocations* wird minimiert.

- Hinweis auf existierende Kundenbindungsprogramme (siehe Kapitel 5.5).

- Herausragende Rhetorik-Kenntnisse und Verkäufer-Qualitäten der Event-Mitarbeiter.

Da naturgemäß nicht alle Event-Mitarbeiter von Haus aus Verkaufsprofis sind, sollten die Verkaufstechniken trainiert und regelmäßig aufgefrischt werden. Dies kann ebenso im Team, hotelkettenübergreifend wie auch in externen Seminaren erfolgen. Hier ein Überblick über Trainingsmethoden, die ohne großen Aufwand vom Abteilungsleiter evtl. in Zusammenarbeit mit der Personalabteilung durchgeführt werden können:

INFO

- *Cross Trainings* in der Verkaufsabteilung.

- Klassische Verkaufsschulung inkl. aller Techniken.

- Rollenspiele.

- Gemeinsames Erstellen von Verkaufszielen bei den Zusatzleistungen (evtl. auch eines Prämienprogramms für die Event-Mitarbeiter).

- Gemeinsames Erstellen möglicher Konditionen und Rabatte – Festlegen der Kompetenzen der einzelnen Mitarbeiter.

INFO

Um insbesondere das Volumengeschäft im Bankettbereich gewinnorientiert gestalten zu können, sind die folgenden Verkaufstechniken empfehlenswert:

1 Wo immer möglich, wird eine Garantiezahl der Gäste vereinbart (evtl. auch Mindestverzehr oder Getränkeumsatz – sonst erhöht sich die Saalmiete).

2 Finden mehrere Veranstaltungen an einem Tag statt, versucht der Event-Manager in Absprache mit dem Bankettleiter bzw. Küchenchef, das gleiche Menü zu verkaufen, um besser einkaufen und die Produktion planen zu können. Das auf Großveranstaltungen am nächsten Tag folgende Tagesmenü im Restaurant ist auf die oft nicht zu vermeidende Überproduktion in der Küche abgestimmt.

3 Bei Veranstaltungen und Extraessen an Feiertagen bemüht man sich, die Menüs mit dem jeweiligen Anlass zu kombinieren (Weihnachts-, Oster- oder Pfingstfeiertage), um die Küche während der Festtage nicht zusätzlich mit Extrawünschen zu belasten.

4 Wünscht der Gast keine gemeinsame Speisefolge, so wird eine in der Anzahl der Artikel reduzierte, spezielle Bankett-À-la-carte-Auswahl angeboten, die küchen- und servicetechnisch leicht und reibungslos organisiert werden kann.

5 Alle einzelnen Menüartikel sollten in der maximal möglichen Personenzahl (Küchentechnik), mit dem durchschnittlichen Wareneinsatz, dem Sollverkaufspreis und dem Wareneinsatzprozentsatz als Preis- und Kompositionstabelle zum schnellen Zusammensetzen und zur Preiskalkulation für den Event-Manager zur Verfügung stehen. Hierbei wird man monatlich auf saisonale Lebensmittelangebote Rücksicht nehmen.

6 Auf monatlicher Basis erhält der Event-Manager eine Liste der Lebensmittelprodukte und Getränke (zum Beispiel auslaufende Weine) mit dem geringsten Lagerumschlag und versucht, sie bei seinen Verkaufsangeboten zu berücksichtigen.

7 Beim Verkauf von Konferenzen, Abendveranstaltungen und Tagungen versucht der Event-Manager, zusammen mit dem gastronomischen Programm, auch Zimmer zu verkaufen. Bei der Preispolitik wird einerseits an die optimale Nutzung der vorhandenen Kapazitäten (Konferenzräume, Festsäle, Nebenräume, Zimmer) gedacht, andererseits sollte das „Preis-Dumping" am Markt durch einheitliche, stabile und seriöse Preisgestaltung vermieden werden.

8 Pro Bankettveranstaltung ist im voraus eine individuelle Gewinn- oder Verlustrechnung einschließlich aller relevanten Kosten als Prognose zu erstellen und später im Bankettkontrollbuch nach der Veranstaltung zu verifizieren.

Quelle: in Anlehnung an Schreiber 2002

4.6 ■ Namensliste

Nur für Veranstaltungen inkl. Zimmerreservierung relevant!

Ist der Veranstaltungsvertrag unterschrieben im Hotel eingegangen, wird in der Regel im Terminmanagement die Anforderung der Namensliste als nächster Punkt aufgenommen. Als Zeitpunkt wird ein Termin 2 bis 4 Wochen vor Veranstaltungsbeginn gewählt. Das bereits reservierte Zimmerkontingent wird mit Eingang der Namensliste rückbestätigt und modifiziert. Die für das Hotel wichtigsten Angaben neben Namen (evtl. inkl. Ausweisnummern) sind An- und Abreisedaten, Zimmerkategorien (inkl. der Angabe, ob Raucher- oder Nichtraucherzimmer bevorzugt werden), Einzel- oder Doppelbelegung sowie die Zahlungsweise (meist Angabe einer Kreditkartennummer, falls nicht bereits per Gesamtrechnung erledigt).

Generell sind zwei Gestaltungsweisen der Namensermittlung in der Praxis üblich:

■ Der Kunde schickt eine Gesamt-Namensliste – Änderungen werden ebenfalls gesammelt nachgereicht. Idealerweise wird die Liste in tabellarischer Form mit Namen, An- und Abreisetag sowie Kommentaren erstellt.

■ Die Gäste melden sich selbst im Hotel an und übermitteln ihre Daten individuell – *Abruferkontingent*.

Der administrative Ablauf der ersten Variante wird nachfolgend detailliert geschildert. Bei der zweiten Variante gestaltet sich die Sammlung aller Daten selbstverständlich wesentlich aufwändiger, da die eingehenden Reservierungen gesammelt und vom Reservierungsmitarbeiter eine Gesamt-Namensliste zu erstellen ist; die weitere Vorgehensweise ist allerdings analog.

Um die Wichtigkeit einer gewissenhaften Verarbeitung von Namenslisten zu verdeutlichen, hier zunächst ein vereinfachtes Beispiel:

Veranstaltungs-Eckdaten laut Veranstaltungsvertrag

■ Tagung für 10 Personen am 24. und 25. Mai 2009
■ 10 Einzelzimmer vom 24. bis 25. Mai 2009

Tabellarisch dargestellt sieht die Zimmerverteilung wie folgt aus:

Datum	23.05.	24.05.	25.05.
Einzelzimmer	0	10	0
Doppelzimmer	0	0	0
Juniorsuiten	0	0	0
Suiten	0	0	0

Nun erhält das Hotel von der zuständigen Koordinatorin seitens des Kunden folgende Aufstellung zu An- und Abreisedaten der Tagungsteilnehmer:

Name	Anreisedatum	Abreisedatum	Kommentar
Maier, Norbert	24.05.2009	25.05.2009	unbedingt Nichtraucher
Vogel, Richard	23.05.2009	25.05.2009	
Fischer, Beate	23.05.2009	25.05.2009	
Schmid, Holger	24.05.2009	26.05.2009	Ehefrau reist mit
Schuster, Simone	24.05.2009	25.05.2009	
Zimmermann, Herbert	23.05.2009	26.05.2009	
Wilhelm, Theo	23.05.2009	25.05.2009	
Müller, Johanna	24.05.2009	25.05.2009	
Neumann, Josef	23.05.2009	26.05.2009	Tagungsleiter, bitte Upgrade
Langhans, Robert	23.05.2009	25.05.2009	

Bereits auf den ersten Blick wird klar, dass sich die ursprüngliche Zimmerreservierung deutlich verändert hat. Dies liegt meist an den unterschiedlichen Anfahrtswegen der Tagungsteilnehmer. Während solche, die nahe dem Tagungsort zu Hause sind, am Morgen vor Veranstaltungsbeginn an- und am Abend nach Veranstaltungsende abreisen können, sind diejenigen mit weiteren Wegen auf zusätzliche Übernachtungen vor Ort angewiesen. Der sogenannte *Rooms Grid* zeigt die aktuelle – auf der Namensliste basierende – Zimmerverteilung:

Datum	23.05.	24.05.	25.05.
Einzelzimmer	5	8	1
Doppelzimmer	0	1	1
Juniorsuiten	1	1	1
Suiten	0	0	0

Bereits an diesem sehr einfach gehaltenen Beispiel mit nur 10 Tagungsteilnehmern wird deutlich, wie aufwändig sich die Auszählung und Erstellung des Rooms Grids gestalten kann. Hier wurde darüber hinaus sogar die Einteilung in Raucher- und Nichtraucherzimmer außer Acht gelassen. Über je mehr unterschiedliche Zimmerkategorien ein Hotel verfügt, desto umfangreicher ist folglich die Zimmerzuteilung. Bei Großveranstaltungen mit über 100 Zimmern kann detektivisches Gespür gepaart mit Ausdauer bei den Event-Mitarbeitern durchaus von Vorteil sein: An- und Abreisedaten variieren aufgrund des nicht allgemein verpflichtenden Besuchs einzelner Workshop-Einheiten oder stark abweichender internationaler Flugzeiten; vielfältige Kommentare oder Sonderwünsche und nicht zuletzt die nicht deutliche Kennzeichnung zusammengehörender Namen bei Doppelbelegung erschweren die Arbeit. Oft hilft nichts anderes, als die zur Verfügung gestellten Daten mit manueller Strichliste und/oder Excel-Tabellen auszuzählen, um den Room Grid erstellen zu können.

Selbstverständlich wird das Hotel mit der im Beispiel zu beobachtenden Entwicklung der Zimmerverteilung nicht unbedingt unzufrieden sein. Aus den reservierten 10 Übernachtungen mit 10 Übernachtungsgästen sind 19 Übernachtungen mit 11 Übernachtungsgästen geworden. Außerdem dürfte bei der geringen Höhe des Zimmerkontingents das Upgrade wohl nicht kostenlos erfolgen. Dies bedeutet also ebenso wie durch die mitreisende Ehefrau (der Aufpreis wird in der Regel vom Tagungsgast privat gezahlt) zusätzliche Zimmererlöse. Andererseits ist klar, dass die Kontingenterhöhung nur dann möglich ist, wenn zum Zeitpunkt des Eingangs der Namensliste überhaupt noch genügend freie Zimmer zur Verfügung stehen. Auch der positive Effekt stellt sich nur dann ein, wenn die Zimmer nicht außerhalb des Gruppenkontingents zu einem höheren Preis hätten verkauft werden können. Daher empfiehlt es sich, bereits im Veranstaltungsvertrag darauf hin zu weisen, dass sich der vereinbarte Sondertarif nicht auf alle evtl. hinzukommenden Zimmerbuchungen oder Zusatznächte erstreckt, sondern erst nach Prüfung der aktuellen Buchungslage rückbestätigt wird. So bleibt dem Hotel die Möglichkeit offen, für Zusatzbuchungen einen höheren Preis zu verlangen, der abgewiesene Alternativanfragen kompensiert.

Hat nun der Event-Mitarbeiter die Namensliste bearbeitet und rückbestätigt sowie den Rooms Grid aktualisiert, werden die Namen manuell bzw. in der angewandten Hotelsoftware mit der Veranstaltungsbuchung verknüpft. Die bisher namenslosen Zimmerreservierungen werden somit personalisiert. Dabei können einzelne Namen als bereits existierende Einträge in der Stammgästedatei durch Abgleich identifiziert und deren bekannte Sonderwünsche und Vorlieben (z. B. gewünschte Morgenzeitung, Bademantel aufs Zimmer) vermerkt werden. Dies geschieht je nach Organisation und Aufgabenzuteilung des Hotels im Event-Management, in der Reservierungsabteilung oder aber am *Front Office*.

Die bis hier beschriebene Vorgehensweise müssen selbstverständlich in vielen kleinen fortlaufenden Schritten wiederholt und weitergeführt werden. Die Fälle, in denen die erste im Hotel eingegangene Namensliste bis zum Anreisedatum ohne Änderungen Bestand hat, werden sicherlich die Ausnahme darstellen. Viel eher muss in der Praxis mit mehr oder weniger umfangreichen Änderungen der An- und Abreisedaten bzw. der Namen oder gar kompletten Stornierungen/Neubuchungen gerechnet werden. Dabei ist es jedesmal aufs Neue erforderlich – auch wenn dies täglich sein kann – den Rooms Grid zu aktualisieren und beispielsweise Überbuchungen vorzubeugen bzw. wieder frei werdende Zimmer für den Verkauf frei zu geben. Sinnvollerweise kümmert sich ein Mitarbeiter um sämtliche Belange rund um die entsprechende Namensliste, um so den Überblick zu behalten.

Um das bisher oft so mühsame Abgleichen der Namenslisten zu vereinfachen, sind am Markt zwei interessante moderne Entwicklungen zu beobachten:

■ Hotels bzw. Hotelketten geben ihren Kunden nach ihren Vorstellungen entwickelte elektronische Formulare vor. Hier kann der Kunde die Namen inkl. aller angefragten Zusatzinformationen (z. B. Raucher- oder Nichtraucherzimmer, Passnummer, ...) bequem eintragen und an das Hotel übermitteln. Für das Hotel besteht der entscheidende Vorteil darin, dass diese Systeme in der Regel so konfiguriert wurden, dass sie mit der vom Hotel genutzten Software kompatibel sind. Damit erfolgt sowohl die Erstellung des Rooms Grids als auch die Verknüpfung des Zimmerkontingents mit den Namen der Tagungsteilnehmer automatisch. Die oft zeitraubende manuelle Auszählung erübrigt sich also. Ebenso können Änderungen jeder Art einfach und unkompliziert vorgenommen werden. Daneben ist es für den Kunden von Vorteil, die tabellarische Gestaltung der Namensliste nicht selbst vornehmen zu müssen.

■ Eine andere Entwicklung hat insbesondere die Arbeitserleichterung für den Kunden im Visier. Denn man darf nicht außer Acht lassen, welchen Aufwand es beispielsweise für einen im Kundenunternehmen damit betrauten Mitarbeiter bedeutet, die Rückmeldungen der eingeladenen Tagungsteilnehmer zu sammeln und fristgerecht an das Hotel weiterzuleiten. Auch hier ist in der Regel zahlreiches Nachhaken erforderlich. So gibt es mittlerweile Agenturen, die den Kundenunternehmen diese Arbeit abnehmen. Sie gestalten im Auftrag des Kunden eine – je nach Wunsch elektronische oder postalische – Einladung zur Veranstaltung, entwickeln entsprechende Anmeldeformulare, leiten die Anmeldungen / Änderungen an das Hotel weiter und werten in einem letzten Schritt sogar die Zu- und Absagen aus. Wie dies in der Praxis umgesetzt werden kann, ist beispielhaft unter www.coladalive.com zu sehen.

4.7 ◼ Pre-Con-Meeting

Pre-Con-Meetings, also Detailabsprachen des Event-Managers mit dem Kunden / Veranstaltungsplaner im Vorfeld der Veranstaltung vor Ort im Hotel, werden sicher nicht durchgeführt. Vielmehr werden sie bei Großveranstaltungen mit umfangreichem Tagungs- wie Rahmenprogramm oder Galaveranstaltungen (z. B. Hochzeiten, Produktpräsentationen) eingeplant. Dabei kommen v. a. zwei Termine in Frage:

◼ Noch vor der Vertragsunterzeichnung: Der Veranstaltungsorganisator informiert sich im Rahmen einer Hausführung und ggf. bei der Probe verschiedener kulinarischer Varianten oder durch die Vorstellung unterschiedlicher Dekorationsvarianten über das Hotelangebot. Sollte dieser von weiter her anreisen, wird ihm meist ein Hotelzimmer vergünstigt oder gar umsonst angeboten. Vielfach werden im Zuge dessen gleich mehrere konkurrierende Hotels vom Veranstaltungsorganisator besucht, um eine Vergleichbarkeit der angebotenen Leistungen und Preise zu erhalten.

◼ Kurz vor Veranstaltungsbeginn: Alle Vertragsdetails sind bereits rückbestätigt. Nun geht es um die exakte terminliche Planung und letzte Detailabsprachen. So können auch hier Dekorationsideen abgestimmt und Menüs Probe gegessen werden. Sollte es beim Kunden zeitlich und geografisch möglich sein, ist ein solches persönliches Treffen im Hotel in jedem Fall einer Kommunikation via Telefon oder E-Mail vorzuziehen. Es empfiehlt sich, die in Kapitel 11.2 vorgestellte Checkliste zur Kundenabsprache Punkt für Punkt gemeinsam durchzugehen und wirklich alle Details zu notieren. Nur so können diese anschließend auch zuverlässig an die entsprechenden Hotelabteilungen weitergegeben und die Umsetzung exakt nach den Wünschen und Vorstellungen des Kunden garantiert werden. Je nach Umfang der anstehenden Veranstaltung kann dieses Pre-Con-Meeting eine bis mehrere Stunden in Anspruch nehmen. Sollten sehr komplexe kulinarische Bestellungen vorliegen, ist es ratsam, den F&B-Manager sowie den Küchenchef in das Gespräch mit einzubinden.

4.8 ◼ Post-Con-Meeting

Analog zum Pre-Con-Meeting gehört auch das Post-Con-Meeting sicher nicht zu den regelmäßig durchgeführten Standardaufgaben des Event-Managements. Jedoch ist zur kritischen Nachbetrachtung von großen Veranstaltungen bzw. solchen, die von nun an jährlich oder anderweitig turnusgemäß geplant sind, ein Post-Con-Meeting dringend ratsam. Selbst wenn der Kunde an einem solchen Gespräch nicht teilnehmen kann, sollte zumindest eine interne Nachbetrachtung stattfinden. Je nach Art und Umfang der Veranstaltung kommt eine Auswahl der folgenden Hotelmitarbeiter als Gesprächsteilnehmer in Frage:

- Betreuender Event-Mitarbeiter
- Event-Manager
- Bankettleiter
- F&B-Manager
- Küchenchef
- Rezeptionsleiter
- Hausdame

- Haustechniker
- Sicherheitsleiter
- Buchhalter
- Verkaufsleiter
- Reservierungsleiter
- Hoteldirektor

Sollte der Kunde tatsächlich beim Gespräch nicht anwesend sein können oder wollen, so ist sein Feedback bereits im Vorfeld einzuholen. Dies kann mit Hilfe eines in Kapitel 5.4 vorgestellten Fragebogens oder durch persönlichen Kontakt erfolgen. Wie beim gesamten Ablauf des Post-Con-Meetings ist hier konstruktive Kritik erwünscht. Neben den negativen Aspekten – die bei zukünftigen Veranstaltungen zu vermeiden sind – kommt auch positiven Kommentaren – als zukünftige Sollvorgabe – als Richtungsweiser entscheidende Bedeutung zu. Aber allein schon, dass der Kunde ganz offen nach seiner Meinung gefragt wird und das Hotel zur Kritikannahme bereit scheint, wird dieser in der Regel als Vertrauensbeweis und Investition in eine langfristige Partnerschaft werten.

Von Seiten des Hotels sollte neben der (wieder positiven wie negativen) Selbstkritik auch das Organisationstalent des Kunden/Veranstaltungsplaners besprochen werden. War die Terminplanung realistisch oder gab es dauernd Planänderungen? Hat das Teilnehmermanagement reibungslos und fristgerecht funktioniert? War ein gut informierter und kompetenter Ansprechpartner während der Veranstaltung anwesend? Das Hotel sollte sich nicht scheuen, auch solche Punkte dem Kunden gegenüber anzusprechen und ggf. entsprechende Hilfestellung und Unterstützung anzubieten. Selbstverständlich immer in Verbindung mit dem Hinweis, dass keine Kritik an ihm genommen, sondern die Planung zukünftiger Veranstaltungen im Sinne aller weiterentwickelt und professionalisiert werden soll.

Liegen nun alle besprochenen Aspekte sowie eine betriebswirtschaftliche Auswertung der abgelaufenen Veranstaltung vor, werden diese schriftlich fixiert. Neben Kopien an alle relevante Abteilungen sollte ein Exemplar dem nun komplettierten *File* angehängt werden. Werden also zu einem späteren Zeitpunkt – insbesondere für den Fall, dass der seinerzeit betreuende Event-Mitarbeiter dann nicht mehr in derselben Position tätig sein sollte – die Veranstaltungsunterlagen für eine Neubuchung herausgesucht, liegt neben dem Buchungsverlauf auf einen Griff die kritische Nachbetrachtung vor.

Neben der allgemeinen Weiterentwicklung und Professionalisierung im Veranstaltungs-geschäft hilft ein Post-Con-Meeting bei der zukünftigen Einschätzung der Realisierbarkeit von Kundenwünschen. Dies gilt ebenso für den Serviceablauf und die Zeitplanung als auch für die Kostenrechnung. Es gilt zu ermitteln, welche Elemente des Hotelaufent-haltes von Gästen und Mitarbeitern sowie aus betriebswirtschaftlicher Sicht positiv bewertet werden und entsprechend weiter angeboten werden und wo Änderungen angeraten sind.

Es gibt kaum eine bessere Kundenbindung (siehe Kapitel 5.5) als loyale Kunden aufgrund erfolgreich durchgeführter Veranstaltungen. Auch der Kunde spart sich gerne den Auf-wand, für jede Jahresveranstaltung ein neues, den Anforderungen entsprechendes, Hotel zu suchen. Denn in diesem Fall müssen jedes Mal aufs Neue sämtliche Details von Grund auf abgestimmt werden. Findet die Veranstaltung in einem Hotel zum wiederholten Male statt, sind die Eckdaten allen Beteiligten bekannt und die Veranstaltung kann – unter Angabe der aktuellen Termine – gleichsam „kopiert" werden. Im Idealfall ist der Kunde über diese Aufwandsreduzierung so begeistert, dass er dafür sogar bereit ist, kostengünstigere Konkurrenzangebote abzulehnen. In der Praxis ist dies insbesondere bei Veranstaltungen mit wechselndem Teilnehmerkreis zu finden.

4.9 ■ Stornierungs-Bedingungen

Wie bereits unter Kapitel 4.6 angesprochen, entspricht der Fall, dass eine Veranstaltung mit exakt der gebuchten Teilnehmer- und Zimmeranzahl stattfindet eher dem Idealfall als der Realität. Krankheit, berufliche und private Verpflichtungen und sonstige Planänderun-gen führen zu mehr oder weniger stark schwankenden Buchungszahlen. Im Extremfall müssen sogar komplette Veranstaltungen abgesagt werden.

Ob eine Reduzierung der Personenzahl bzw. ein Gesamtstorno kostenfrei möglich ist oder wie andernfalls die Konditionen geregelt sind, ist dem Veranstaltungsvertrag (siehe Kapitel 4.4) zu entnehmen. Hier sind Termine verzeichnet, bis zu denen Reduzierungen möglich bzw. zu welchen Konditionen sie danach durchzuführen sind. Nachstehend zwei Praxisbeispiele:

Stornobedingungen

1. **Rücktritt des Kunden (Abbestellung, Stornierung) bei Zimmerreservierungen**

a) Ein Rücktritt des Kunden von dem mit dem Hotel geschlossenen Vertrag bedarf der schriftlichen Zustimmung des Hotels. Erfolgt diese nicht, so ist der vereinbarte Preis aus dem Vertrag auch dann zu zahlen, wenn der Kunde vertragliche Leistungen nicht in Anspruch nimmt. Dies gilt nicht bei Verletzung der Verpflichtung des Hotels zur Rücksichtnahme auf Rechte, Rechtsgüter und Interessen des Kunden, wenn diesem dadurch ein Festhalten am Vertrag nicht mehr zuzumuten ist oder ein sonstiges gesetzliches oder vertragliches Rücktrittsrecht zusteht.

b) Sofern zwischen dem Hotel und dem Kunden ein Termin zum Rücktritt vom Vertrag schriftlich vereinbart wurde, kann der Kunde bis dahin vom Vertrag zurücktreten, ohne Zahlungs- oder Schadensersatzansprüche des Hotels auszulösen. Das Rücktrittsrecht des Kunden erlischt, wenn er nicht bis zum vereinbarten Termin sein Recht zum Rücktritt schriftlich gegenüber dem Hotel ausübt, sofern nicht ein Fall des Rücktritts des Kunden gemäß vorstehendem lit. a) vorliegt.

c) Bei vom Kunden nicht in Anspruch genommenen Zimmern hat das Hotel die Einnahmen aus anderweitiger Vermietung der Zimmer sowie die eingesparten Aufwendungen anzurechnen.

d) Dem Hotel steht es frei, den ihm entstehenden und vom Kunden zu ersetzenden Schaden zu pauschalieren. Der Kunde ist dann verpflichtet, 90 % des vertraglich vereinbarten Preises für Übernachtung mit oder ohne Frühstück, 70 % für Halbpension und 60 % für Vollpensionsarrangements zu zahlen. Dem Kunden steht der Nachweis frei, dass kein Schaden entstanden oder der dem Hotel entstandene Schaden niedriger als die geforderte Pauschale ist.

2. **Rücktritt des Kunden (Abbestellung, Stornierung) bei Veranstaltungen**

a) Ein kostenfreier Rücktritt des Kunden von dem mit dem Hotel geschlossenen Vertrag bedarf der schriftlichen Zustimmung des Hotels. Erfolgt diese nicht, so sind in jedem Fall die vereinbarte Raummiete aus dem Vertrag sowie bei Dritten veranlasste Leistungen auch dann zu zahlen, wenn der Kunde vertragliche Leistungen nicht in Anspruch nimmt und eine Weitervermietung nicht mehr möglich ist. Dies gilt nicht bei Verletzung der Verpflichtung des Hotels zur Rücksichtnahme auf Rechte, Rechtsgüter und Interessen des Kunden, wenn diesem dadurch ein Festhalten am Vertrag nicht mehr zuzumuten ist oder ein sonstiges gesetzliches oder vertragliches Rücktrittsrecht zusteht.

b) Sofern zwischen dem Hotel und dem Kunden ein Termin zum kostenfreien Rücktritt vom Vertrag schriftlich vereinbart wurde, kann der Kunde bis dahin vom Vertrag zurücktreten, ohne Zahlungs- oder Schadensersatzansprüche des Hotels auszulösen. Das Rücktrittsrecht des Kunden erlischt, wenn er nicht bis zum vereinbarten Termin sein Recht zum Rücktritt schriftlich gegenüber dem Hotel ausübt, sofern nicht ein Fall gemäß Nummer 1 Satz 3 vorliegt.

c) Tritt der Kunde erst zwischen der 8. und der 4. Woche vor dem Veranstaltungstermin zurück, ist das Hotel berechtigt, zuzüglich zum vereinbarten Mietpreis 35 % des entgangenen Speisenumsatzes in Rechnung zu stellen, bei jedem späteren Rücktritt 70 % des Speisenumsatzes.

d) Die Berechnung des Speisenumsatzes erfolgt nach der Formel: Menüpreis – Veranstaltung x Teilnehmerzahl. War für das Menü noch kein Preis vereinbart, wird das preiswerteste 3-Gang-Menü des jeweils gültigen Veranstaltungsangebotes zugrunde gelegt.

e) Wurde eine Tagungspauschale je Teilnehmer vereinbart, so ist das Hotel berechtigt, bei einem Rücktritt zwischen der 8. und der 4. Woche vor dem Veranstaltungstermin 60 %, bei einem späteren Rücktritt 85 % der Tagungspauschale x vereinbarter Teilnehmerzahl in Rechnung zu stellen.

f) Der Abzug ersparter Aufwendungen ist durch Nummern 3 bis 5 berücksichtigt. Dem Kunden steht der Nachweis frei, dass der oben genannte Anspruch nicht oder nicht in der geforderten Höhe entstanden ist.

Um sich neben den kostenfrei zu gewährenden Personenreduzierungen abzusichern, verweisen viele Hotels bereits im Veranstaltungsvertrag auf Minimum-Garantien. Diese besagen, dass der gewährte Preis erst ab einer bestimmten Personenzahl zum Tragen kommt und somit auch bei Unterschreiten dieser Zahl die in der Minimum-Garantie angesetzte Personenzahl abgerechnet wird. Ein Rechenbeispiel:

Ein Kunde bucht für 11 Personen eine Tagung inkl. Tagungspauschale in Höhe von 50 € pro Person. Das Hotel verweist auf eine Minimum-Garantie von 10 Teilnehmern, um die Tagungspauschale zu den angegebenen Konditionen gewähren zu können.

11 Teilnehmer	550 € Gesamtkosten
10 Teilnehmer	500 € Gesamtkosten
9 Teilnehmer	500 € Gesamtkosten

Wie bereits in der Bearbeitung der Namensliste und der Erstellung des *Rooms Grids* ersichtlich, gestaltet sich die Abrechnung der Stornierungen und Änderungen der Zimmerbuchungen wesentlich aufwändiger. Neben der Ermittlung kostenfreier gegenüber kostenpflichtiger Reservierungsänderungen (in Aufrechnung anderer, gegenüber der ursprünglichen Buchung erweiterter Buchungen) und Stornierungen kommen sogenannte *No-Show-Gebühren* zum Einsatz. Die Veränderung des Rooms Grids gegenüber der ursprünglichen Buchung (egal ob positiv oder negativ) nennt man in der Fachsprache *Slippage Report*. Hier wird sowohl für den Kunden als auch fürs Hotelmanagement dokumentiert, zu welchen Zeitpunkt welche Änderungen am Rooms Grid durch den Kunden vorgenommen wurden. Basierend auf den im Veranstaltungsvertrag festgelegten Stornierungs-Bedingungen werden nun evtl. weniger in Anspruch genommene als reservierte Zimmer zum jeweils anzuwendenden Prozentsatz berechnet. Die Buchhaltung erstellt eine dem Slippage Report entsprechende Rechnung.

Auch in diesem Hinblick gibt es selbstverständlich zahlreiche Einzelfallentscheidungen in der beruflichen Praxis. Je nach Größe und Wichtigkeit einer Veranstaltung sowie dem Aspekt weiterer geplanter Veranstaltungen wird der Event-Manager gemeinsam mit dem Buchhalter entscheiden, ob die Abrechnung streng nach vereinbarten Konditionen oder kulant gehandhabt wird. Erwirtschaftet beispielsweise eine Veranstaltung mit 100 Personen über 3 Tage einen 5-stelligen Betrag, so dürfte die nachträgliche Belastung von 3 Zimmern und entsprechend 3 Tagungsteilnehmern – kurz nach dem kostenfreien Termin storniert – auf den Kunden kleinlich und wie Erbsenzählerei wirken. So wird also im Einzelfall gut und gerne auf eigentlich rechtmäßige Stornogebühren verzichtet, wenn dadurch der Abschluss von Folgeveranstaltungen gefährdet sein könnte.

4.10 ■ Zusammenfassung

■ Professionelle und zeitnahe Anfragenbearbeitung (max. 24 Stunden) stellt ein Differenzierungsmerkmal gegenüber Konkurrenzbetrieben dar.

■ Anfragen erfolgen via Telefon, Fax und heutzutage vor allem via E-Mail und *Internet-RFP*.

■ Sämtliche Anfragen werden gebündelt und bewertet. Nach einer Vakanzprüfung und Quotierung erfolgt die Gestaltung des Angebotes – jeweils durch auf bestimmte Aufgabenbereiche spezialisierte Event-Mitarbeiter.

■ Wichtigste Erfolgsfaktoren bei der Angebotserstellung sind insbesondere Vollständigkeit und Schnelligkeit.

■ Neben den Veranstaltungs-Eckdaten ist dem Optionsdatum (insbesondere bei alternativ vorliegenden Anfragen) größte Sorgfalt beizumessen.

■ Im Falle von Agenturanfragen ist zu klären, ob Nettopreise oder Provisionszahlungen bevorzugt werden.

■ Der Trend geht weg von Standardangeboten, hin zu individualisierten Briefen oder E-Mails, die sich aus vorgefertigten Textbausteinen, Veranstaltungsdaten und emotionalisierenden Fotos zusammensetzen.

■ Die Service-Qualität eines Hotels zeigt sich u.a. im professionellen Follow-Up (Gruppen-Checkliste, Termin-Management und To-Do-Listen helfen unterstützend).

■ Der Vertragsentwurf basiert auf dem abgestimmten und möglicherweise modifizierten Veranstaltungsangebot, ergänzt durch ausführlichere vertragsrechtliche Grundlagen (insbesondere Zahlungs- und Stornomodalitäten, AGBs).

■ Sollten Kunden ihren eigenen Entwurf der Vertragsgestaltung vorlegen, so muss das Hotel prüfen, ob es diese Konditionen ohne signifikanten Nachteil gegenüber dem eigenen Vertragswerk akzeptieren kann und will.

■ Um eine zeitnahe Vertragsunterschrift zu erlangen, sind Verkaufsfähigkeiten ebenso wie bei der Absatzsteigerung oder beim Zusatzverkauf gefragt.

■ Gängige Verkaufstechniken sollten im Event-Team erarbeitet, kommuniziert und regelmäßig trainiert werden.

■ V. a. im Bankettbereich können zielgerichtete Verkaufstechniken die Veranstaltungs-planung gewinnorientierend beeinflussen.

■ Namenslisten müssen manuell oder per Tabellenkalkulation erfasst, ausgewertet und daraufhin mit der Hotel-Software verknüpft werden.

■ Der so erhaltene *Rooms Grid* muss bei Änderungen und Stornierungen regelmäßig angepasst werden und dient später als Grundlage für den *Slippage Report*.

■ Im Rahmen moderner Entwicklungen bieten einerseits Hotels den Kunden elektronische Namenslisten als komfortable Lösung an. Andererseits existieren spezialisierte Agen-turen, die im Kundenauftrag das gesamte Teilnehmermanagement übernehmen.

■ Sowohl bei der Berechnung zusätzlicher Zimmerbuchungen (evtl. ist ein höherer Preis aufgrund des Verlustes von Alternativanfragen zu veranschlagen) als auch bei stor-nierten Reservierungen ist häufig je nach Größe, Bedeutung und Zukunftsaussicht der Veranstaltung im Einzelfall zu entscheiden, ob die Vertragsbedingungen oder kulantere Lösungen zum Ansatz kommen.

■ Im Pre-Con-Meeting (kommt nur bei großen und sehr komplexen Veranstaltungen zum Einsatz) erfolgt bereits vor Vertragsunterzeichnung oder aber kurz vor Veran-staltungsbeginn eine Detailabsprache mit dem Kunden/Veranstaltungsplaner direkt vor Ort im Hotel.

■ Das Post-Con-Meeting (nach großen oder turnusmäßig geplanten Veranstaltungen) dient der konstruktiven Kritik; negative wie positive Kommentare vom Kunden sowie den einzelnen Hotelabteilungen werden schriftlich fixiert.

■ Stornobedingungen kommen in Verbindung mit dem *Slippage Report* und den ver-traglich festgelegten Minimum-Garantien zum Ansatz.

Customer Relationship Management – CRM

■ Hausführung, Kundenveranstaltung und Gestaltung einer professionellen Präsentationsmappe

5.1

Ob im Rahmen einer allgemeinen Hotelpräsentation, einer gezielten Anfrage oder eines sog. Pre-Con-Meetings (siehe Kapitel 4.7), Hausführungen gehören zum Hotelalltag. Sie sind – insofern dies zeitlich und geografisch möglich ist – immer einer Präsentation des Hotels beim Kunden vorzuziehen, da nur hier der Charakter des Hauses authentisch vermittelbar ist und vom Kunden mit allen Sinnen aufgenommen werden kann. Sie werden normalerweise vom *Guest Relation Manager*, vom Verkaufsteam oder aber eben auch von Event-Mitarbeitern durchgeführt. Bereits hier zeigt sich der professionelle Charakter eines Hotels – oder auch nicht ... Eine perfekte Hausführung wird bestimmt durch:

- Freundlichen Empfang und Smalltalk
- Kompetentes Fachwissen
- Ehrliches Interesse an den spezifischen Kundenwünschen
- Darauf ausgerichteten Hausführungs-Ablauf
- Präsentation und zur Verfügung Stellen der relevanten Hotelunterlagen
- Anbieten eines Kaffees oder Erfrischungsgetränks

Basierend auf diesen Elementen gestaltet sich keine Hausführung wie eine vorangegangene. Sollten die Präferenzen und Kundeninteressen nicht bereits im Vorhinein bekannt sein, so werden sie im beschriebenen „Eröffnungs-Smalltalk" – so weit möglich – ermittelt. Je nach Interessenschwerpunkten gestaltet sich die Hausführung. Interessiert sich ein Veranstaltungsorganisator beispielsweise für Tagungen ohne Übernachtungen, so wird die Präsentation der Zimmerkategorien sowie des Wellnessbereichs wohl eher kürzer ausfallen als bei einer geplanten Incentivereise inklusive Ehepartner. So ist also sowohl im Vorfeld als auch während der Hausführung das Fingerspitzengefühl und Einfühlungsvermögen der Event-Mitarbeiter gefragt, um dem Gast eine maßgeschneiderte Präsentation zu bieten, die ihn wirklich anspricht und ihm somit auch über einen längeren Zeitraum hinweg in positiver Erinnerung bleiben wird.

Als Stationen kommen im Laufe einer Hausführung die folgenden Punkte in Frage. Dabei gilt es zu beachten, dass möglicherweise nicht jedes Hotel über all diese Einrichtungen verfügt oder aber zusätzliche Leistungen anbietet. Somit ist diese Liste als Auszug ohne Anspruch auf Vollständigkeit zu verstehen.

INFO

- Hotellobby, inkl. Eingang und Rezeptionsbereich

- Verschiedene Zimmerkategorien vom Standardzimmer bis zur Suite

- Tagungsräumlichkeiten inkl. Foyers oder Terrassen für Empfänge und Kaffeepausen

- Restaurants und Bars, die evtl. auch für Gruppen exklusiv genutzt werden können

- Wellness- oder Fitnessbereich

- Einrichtungen und Dienstleistungen, die als *USP* gelten

Die Route durch das Hotel sowie die Schwerpunkte bestimmen sich durch die Kunden-interessen. Würde man dies außer Acht lassen, bemerkt der Kunde das „Abspulen eines Standardprogramms" und die daraus resultierende Unprofessionalität.

Beendet werden sollte die Hausführung, wie bereits angesprochen, durch die Einladung zu einem Getränk. Dafür eignet sich generell die Hotellobby oder ein Tagescafé. Der professionelle Charakter wird allerdings durch die Nutzung eines – unter Kapitel 3.1 beschriebenen – „Event-Centers" verstärkt. Hier wird ein repräsentativer Bereich für Kundenabsprachen geschaffen, der in seinem Stil und seiner Ausstattung dem Bankett-bereich angepasst ist. Dadurch ergibt sich ein Ambiente, das den vom Kunden geplanten Veranstaltungen nahe kommt und einen Vorgeschmack auf die Servicequalität des Hauses bietet.

Neben den bereits aufgezählten Anlässen bietet sich im Rahmen von Kundenveranstaltungen die Möglichkeit zur Präsentation des Hotels durch Hausführungen. Kundenveranstaltungen können generell in zwei Kategorien eingeteilt werden:

- Veranstaltungen im kleinen, privaten Rahmen: Hier werden Buchungsentscheider (oft bereits buchender Kunden) zur Präsentation des Hotels, evtl. neuer/neu reno-vierter Einrichtungen oder gleichsam als Dankeschön eingeladen. Die Gäste kennen sich in der Regel untereinander. Um den Rahmen aufzulockern, bieten viele Hotels ein gemeinsames Mottoessen oder Kochkurse an. Für den Kunden ergibt sich somit neben dem Informationsgewinn ein Teambuilding-Effekt seiner Mitarbeiter.

■ Größere, gemischte Veranstaltungen: Hier werden Buchungsentscheider verschiedener Unternehmen eingeladen, um das Hotel neu oder wieder kennen zu lernen. Der gemischte Gästekreis sorgt für interessante Gespräche. Als Einladungsanlass eignen sich beispielsweise „Redo-Parties" nach abgeschlossenen Renovierungsarbeiten, Sommer-Parties, Halloween-Parties und vieles mehr. Je nach Anzahl der Gäste werden die Gäste evtl. in kleinere Gruppen zu individuelleren Hausführungen eingeteilt. Eine auflockernde Idee wäre beispielsweise die anschließende Frage nach einem besonderen Detail der Hausführung (z. B. „Wer erinnert sich an die Farbe der Tagesdecke im Standardzimmer") mit der Vergabe eines kleinen Siegerpreises.

Unterstützt wird die Hausführung durch gedruckte Hotelinformationen, die der Kunde in aller Ruhe zu Hause oder im Büro nachlesen kann. Diese werden in einer Präsentationsmappe – auch Bankettmappe, Infomappe oder Meeting Planner genannt – zusammengestellt.

INFO

Elemente einer professionellen Präsentationsmappe:

■ Einleitende Worte des Veranstaltungsleiters und / oder des Hoteldirektors

■ Beschreibung des Hotels als Ganzes inkl. aller Serviceleistungen

■ Lage- und Anfahrtsbeschreibung – Erreichbarkeit mit km-/Minuten-Angaben für die unterschiedlichen Verkehrsmittel (z. B. Entfernung zum nächstgelegenen Bahnhof oder Flughafen)

■ Grundrisse der Tagungsräume unter Angabe der Lichtquellen (Tageslicht ja oder nein, Verdunkelungsmöglichkeiten), exakte Maße (für die Gestaltung von Aufstellern und Produktpräsentationen), Stromanschlüsse etc.

■ Tabellarischer Bestuhlungsplan unter Angabe der Maximalkapazitäten

■ Menüvorschläge, Auflistung der Tagungspauschalen und sonstiger kulinarischer Angebote

■ Übersicht der vorhandenen und auf Anfrage organisierbaren technischen Ausstattung (siehe Kapitel 8.1 und 8.3)

■ AGBs für den Veranstaltungsbereich

■ Anfrageformular

Eines der wichtigsten Kriterien bei der Gestaltung von Präsentationsmappen ist es, das „was das Hotelprodukt leisten kann" anstatt der „Schönheit des Hotelproduktes" in den Vordergrund zu stellen. Dabei sollten die in Kapitel 9.6 beschriebenen Kundenwünsche hinsichtlich der optimalen Gestaltung ihrer internen Arbeitsprozesse unbedingt bedacht und eingearbeitet werden.

Praxisbeispiele für Präsentationsmappen

Wie aus der Abbildung ersichtlich, gehen Hotelketten und -kooperationen mehr und mehr dazu über, einen gemeinsamen Meeting Planner für alle unter gleichem Namen am Markt platzierten Hotels oder zumindest für diejenigen, die regional oder produkttechnisch gesehen dieselbe Zielgruppe ansprechen, herauszugeben. Neben der Druckkostenreduzierung wird so eine bessere Vergleichbarkeit aller Hotels für den Kunden erzielt.

Laut Meeting- und Eventbarometer 2008 des EIWT (siehe nachstehende Grafik) stellt die schnelle Erreichbarkeit des Veranstaltungsortes nach wie vor das wichtigste Kriterium bei der Wahl des Veranstaltungsortes dar. Daher ist es außerordentlich wichtig, eine gute Infrastruktur unbedingt herauszustellen und als Abgrenzungsmerkmal gegenüber der Konkurrenz zu kennzeichnen.

Kriterien der Veranstalter für die Wahl der Veranstaltungsstätte

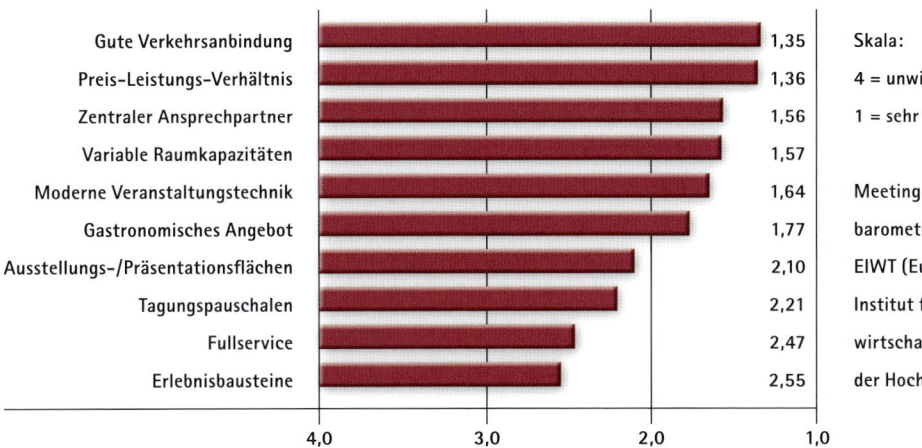

Kriterium	Wert
Gute Verkehrsanbindung	1,35
Preis-Leistungs-Verhältnis	1,36
Zentraler Ansprechpartner	1,56
Variable Raumkapazitäten	1,57
Moderne Veranstaltungstechnik	1,64
Gastronomisches Angebot	1,77
Ausstellungs-/Präsentationsflächen	2,10
Tagungspauschalen	2,21
Fullservice	2,47
Erlebnisbausteine	2,55

Skala:

4 = unwichtig

1 = sehr wichtig

Meeting- und Event-barometer 2008 des EIWT (Europäisches Institut für Tagungs-wirtschaft GmbH an der Hochschule Harz)

Sämtliche in die Präsentationsmappe eingebaute Fotos sind unbedingt von professionellen Hotel-Fotografen zu erstellen. Der Versuch, Geld durch die Verwendung selbst gemachter Fotos zu sparen, wird in aller Regel nicht den erwünschten Nutzeneffekt bringen. Ob an der Motivwahl oder an der Bildqualität, der Betrachter erkennt – bewusst oder unbewusst – den Unterschied zwischen Laien- und Profiqualität. Man muss aber auch sagen, dass nicht jeder Fotograf auch automatisch ein guter Hotelfotograf ist. Leider beweisen in der Praxis viele Hotelprospekte und Präsentationsmappen, dass selbst teuer erstellte Profifotos oft Aussagekraft und die Darstellung des individuellen Hotelcharakters vermissen lassen. Fotos müssen auf einen Blick die Atmosphäre ebenso wie die tatsächlichen Gegebenheiten widerspiegeln. Fotos ohne Menschen wirken in den meisten Fällen wie „Geisterfotos" und sollten nur bedingt eingesetzt werden. Ein Restaurant ohne Gäste „lebt nicht", auch wenn die Tische noch so liebevoll eingedeckt wurden. Es empfiehlt sich also durchaus, entweder einen auf Hotelfotos spezialisierten Fotograf oder sogar eine Agentur, die die komplette Gestaltung der Präsentationsmappe übernimmt, zu engagieren. Das hier einmal investierte Geld wird sich bei jeder Versendung einer Präsentationsmappe ebenso wie bei jeder weiteren Verwendung der Bilddatei in alternativen Hotelunterlagen bezahlt machen.

Um flexibler auf Kundenanfragen eingehen zu können, ist durchaus abzuwägen, ob eine gebundene Präsentationsmappe die ideale Lösung darstellt. Inzwischen sind am Markt verschiedenste Einzelblatt-, Ringbuch und sonstige flexible Systeme zu finden. Mit deren Unterstützung kann aus den vorgefertigten Bausteinen und Elementen für jeden einzelnen Kunden ein maßgeschneidertes Exemplar – mit den genau für ihn relevanten Informationen – erstellt werden. Ein Beispiel für zielgruppenspezifische Informationen sind Zusatzinformationen für Bucher gemäß Pharmakodex (vgl. Kapitel 9.6):

PRAXISBEISPIEL

Selbstverständlich haben moderne Medien bereits jetzt einen Großteil der Druckunterlagen überflüssig gemacht. Einfacher zu versenden und Platz sparender aufzubewahren sind Präsentationsmappen in Form von CD-Roms oder MiniDisks (siehe unten).

Weiterhin an Bedeutung gewinnen wird selbstverständlich auch in diesem Bereich das Internet. Raumpläne können beispielsweise eindrucksvoller dreidimensional auf der Homepage dargestellt werden inkl. automatisierter Kapazitätsberechnung, als dies je in der Präsentationsmappe möglich wäre. Auch sind die Informationen wesentlich schneller und aktueller über das Internet zu beziehen. Belegbar wird dies durch die kontinuierlich zurückgegangenen Zahlen verschickter Exemplare im Lauf der vergangenen Jahre. Trotz allem muss man sagen, dass eine hochwertig gedruckte Präsentationsmappe nach wie vor und auch in Zukunft eine unverzichtbare Visitenkarte des Hauses darstellt und zum guten Stil gehört. Investitionen sind also heutzutage auf die Präsentationsmappen- und Homepagegestaltung aufzuteilen und abzuwägen. Eine – egal in welche Richtung – einseitige Investition ist nach modernem Marketing-Management nicht ratsam.

Praxisbeispiele für Präsentations-CDs

5.2 ◼ Willkommensbriefe

In konsequenter Fortführung der Gestaltung einer professionellen Präsentationsmappe gehört ein persönlicher Willkommensbrief an den Veranstaltungsleiter zum guten Stil eines Tagungshotels. Nicht immer wird die buchende Person (oftmals die betriebsinterne Reisestelle oder die Abteilungssekretärin) vor Ort an der Veranstaltung teilnehmen. Sollte dies der Fall sein, ist an dessen Stelle der Ansprechpartner vor Ort zu begrüßen. Bei der Vorgehensweise sind zwei Veranstaltungstypen zu unterscheiden:

◼ Reine Tagungsveranstaltungen ohne Zimmerbuchungen: Hier wird der Ansprechpartner des Kunden (evtl. der Referent oder der Organisator) vor Veranstaltungsbeginn vom Event-Manager und/oder Bankettleiter persönlich begrüßt. Nach Klärung und Rückbestätigung der wichtigsten Veranstaltungsdetails (Zeitplanung, Personenzahl, technische Anforderungen etc.) wird ihm eine Visitenkarte mit den wichtigsten hausinternen Telefonnummern für Rückfragen und kurzfristige Ablaufänderungen übergeben.

◼ Tagungen/Events mit Zimmerbuchungen (mindestens für den Ansprechpartner): Der Ansprechpartner wird selbstverständlich ebenso bei seiner Ankunft im Hotel, sollte dies terminlich möglich sein, persönlich begrüßt. Zusätzlich erhält er mit Aushändigung seines Zimmerschlüssels ein personifiziertes Willkommensschreiben. Ein anonymes, vorgefertigtes Schreiben würde beim Gast unweigerlich den Eindruck erwecken, „nur Einer unter Vielen" zu sein und dass seiner Veranstaltung nicht nötige Aufmerksamkeit entgegengebracht wird. In diesem Willkommensbrief werden detailliert sämtliche Ansprechpartner mit internen Rufnummern und die wichtigsten Hoteldetails aufgelistet sowie auf die spezifischen Anforderungen der Veranstaltung eingegangen. Sollte es sich lediglich um den Ansprechpartner vor Ort, nicht aber um den Buchungskontakt handeln, so empfiehlt es sich außerdem, einen vertragsgemäßen Ablaufplan der Veranstaltung mit der Bitte um Rückbestätigung beizufügen. Auf der rechten Seite ein Praxisbeispiel eines Willkommensbriefes.

Neben der unabdingbaren Personifizierung des Anschreibens (unter Berücksichtigung der jeweiligen Veranstaltungdetails) zeugt es von Professionalität, wenn der Willkommensbrief in mehreren Sprachen verfasst und somit der Ansprechpartner in seiner Muttersprache begrüßt werden kann. Selbst wenn im Event-Management vielleicht neben Englisch keine weiteren Fremdsprachenkenntnisse abrufbar sind, so könnten ausländische Mitarbeiter anderer Abteilungen hinzugezogen werden oder gegebenenfalls Partnerhotels im Ausland um Unterstützung gebeten werden.

MUSTERHOTEL

Sehr geehrter Herr Maier,

das gesamte Team des Musterhotels begrüßt Sie ganz herzlich und wünscht Ihnen einen ebenso angenehmen wie erfolgreichen Aufenthalt in unserem Haus.

Wir freuen uns sehr, dass Sie unser Hotel für Ihre Produktpräsentation gewählt haben. Selbstverständlich werden meine Kollegen und ich allzeit bemüht sein, Ihre Veranstaltung zu einem einmaligen Erlebnis zu machen. Sollte es dennoch Wünsche oder Änderungen Ihrerseits geben, so zögern Sie bitte nicht, sich an die folgenden Rufnummern zu wenden:

Abteilung	Durchwahl (vom Zimmer oder Haustelefon)
Event-Management	-700
Bankettservice	-850
Rezeption	-100
Restaurant	-200
Bar	-250

Für alle weiteren Serviceleistungen wenden Sie sich bitte an unsere 24 Stunden für Sie besetzte Rezeption. Die Kollegen werden Sie dann gerne weiter verbinden.

Zu Ihrer Orientierung nachstehend die Öffnungszeiten unserer Service-Einrichtungen:

Restaurant	Frühstück	07:00 bis 10:00
	Mittagessen	12:00 bis 15:00
	Abendessen	18:00 bis 23:00
Bar (inkl. Snacks)		11:00 bis 01:00
Fitness		24 Stunden
Pool, Sauna, Wellness-Oase		07:00 bis 23:00

Sehr geehrter Herr Maier, ich würde Sie gerne bitten, mich heute im Laufe des Nachmittags unter meiner Durchwahl -705 zu kontaktieren, um den exakten Zeitplan der morgigen Produktpräsentation rückzubestätigen. Des Weiteren möchte ich Ihnen gerne – aufgrund des derzeit herrlichen Wetters – unsere Dachterrasse als Alternative für den Aperitif präsentieren. Ich freue mich auf Ihren Anruf.

Mit freundlichen Grüßen

Nicola Zech
Event-Manager

5.3　■ Mailings

Zu einem konsequent durchgeführten *Relationship Marketing* gehören selbstverständlich insbesondere Mailings. Für den MICE-Bereich stellt dieses Thema einen Sonderfall dar und sollte daher – zumindest teilweise – abweichend vom allgemeinen Hotelmarketing behandelt werden. Mailingaktionen werden hier sicher nur bedingt und zu vereinzelten Terminen eigenständig realisiert werden. Zum einen wird es hier in aller Regel nicht fortlaufend über Neuerungen (Beispiele wären neues Mobiliar, technische Aufrüstung oder Preisangebote) zu berichten geben. Zum anderen ist der Tagungs- / Eventbereich nur in den seltensten Fällen isoliert zu betrachten. Vielmehr stellt er einen Teil im großen Ganzen des vielfältigen Hotelangebotes, das dem Kunden präsentiert werden soll, dar. So empfiehlt sich also in aller Regel ein kombiniertes Mailing, das in Zusammenarbeit mit der Verkaufs- und Marketingabteilung erstellt wird. Neben der Vermeidung der doppelten Kontaktierung desselben Kunden durch unterschiedliche Hotelabteilungen wirkt sich der Synergie-Effekt – nicht zuletzt die Zurechenbarkeit geteilter Druck- und Portokosten auf mehrere Kostenstellen – positiv aus.

Es darf nicht unterschätzt werden, dass auch – und vielleicht gerade – im Zeitalter der Überflutung mit elektronischer Post ein (professionell wie originell gestaltetes) Mailing durchaus die gewünschte Aufmerksamkeit erlangen kann. Da im Kapitel 5.5 bereits auf die Nutzung des Mediums Internet inklusive E-Mail im CRM eingegangen wird, liegt nun in diesem Kapitel der Schwerpunkt auf dem Postmailing.

Wenn man Studien zugrunde legt, die davon ausgehen, dass Relationship Marketing erst dann zu greifen beginnt, wenn ein regelmäßiger Kontakt zum Kunden alle 4 bis 6 Wochen aufrecht erhalten wird, so wird dies im MICE wohl kaum realisierbar sein. Wie bereits angesprochen, halten sich die interessanten Neuigkeiten ebenso wie die Sondertarife in Grenzen. Des Weiteren sind die Event-Mitarbeiter in der Regel zwar Organisations- aber eben keine Marketing-Profis. Daher sollten also die standardmäßigen Kundeninformationen über die Verkaufs- und Marketingabteilung kommuniziert werden. Sinnvoller sind dagegen einzelne, gezielte Mailings, die dem Kunden direkt auffallen. Selbstverständlich wird sich der gewünschte Effekt meist nur beim „richtigen" Kunden einstellen. Eine exakte Analyse der vorhanden Datenbank sowie die Erarbeitung einer Liste potenzieller Neukunden (siehe Kapitel 3.7 „Neukunden-Akquisition") – jeweils unter dem Gesichtspunkt des Zielgruppenmarketing – sind unerlässlich. Eine schlecht vorbereitete Adressliste mit zu breiter Streuung verursacht immense Mailingkosten ohne erwünschten Nutzeneffekt – bis hin zum negativen Effekt bei Kontaktierung offenkundig nicht interessierter Kunden. Besonders deutlich zeigt dies die folgende Erfolgsformel für Mailings:

INFO

Erfolgsformel für Mailings:

■ 40% Zielgruppe   ■ 30% Versandzeitpunkt   ■ 20% Angebot   ■ 10% Design

Michael Toedt:
„Loyale Gäste durch
gezieltes Marketing
– Relationship
Marketing in der
Hotellerie", 2007

Als Mailing-Angebot könnte hier eine Spezial-Tagungspauschale für die im Tagungsbereich eher umsatzschwachen Sommermonate mit Sonderkonditionen in Frage kommen.

Auch wenn dem Gestaltungsaspekt (Design) in der obigen Erfolgsformel eine eher untergeordnete Rolle zugewiesen wird, so darf er keineswegs unterschätzt werden. Wichtigstes Kriterium ist dabei das optische Abheben von der Masse. Dazu sollte man sich in der Vorbereitungsphase schlicht gedanklich in den Arbeitsalltag des Kunden hineinversetzen. Egal, ob es sich um einen firmeninternen Veranstaltungsorganisator oder um einen Mitarbeiter einer spezialisierten Event-Agentur handelt, sie alle erhalten täglich Dutzende Briefe und sonstige Werbeschreiben verschiedenster Anbieter. Diese alle durchzulesen und die relevanten Informationen herauszufiltern, dazu fehlt die Zeit und in der Fortführung auch die Aufbewahrungskapazität. Also werden nach menschlichem Ermessen die auf den ersten Blick interessantesten Angebote herausgegriffen. Der Rest – nämlich der, der nicht direkt auffällt – wandert ungelesen oder nach flüchtigem Blick in die Papiertonne. Genau deswegen ist es so wichtig, sich gestalterisch vom Mittelmaß abzuheben, um Aufmerksamkeit zu erregen. Dabei sind der Fantasie kaum Grenzen gesetzt. Die Aufmerksamkeit und damit verbunden die Neugier des Kunden auf den kompletten Inhalt des Mailings kann unter anderem mit folgenden Mitteln geweckt werden:

■ Auffallende Schriftart und -größe

■ Farbliche Gestaltung

■ Außergewöhnliche Papiergröße bzw. unregelmäßige Randgestaltung (beispielsweise in Form einer Blüte oder Wolke)

■ Mehrstufiges Mailing – d.h. kurz aufeinander versandte Mailings, die thematisch und optisch aufeinander aufbauen und somit einen Wiedererkennungseffekt hervorrufen

■ Beifügen themenbezogener Elemente (beispielsweise kleine Dekosternchen bei einem Mailing für eine Promotion von Firmen-Weihnachtsfeiern)

Wie bei Mailings allgemein üblich, so stellt leider auch im MICE die Messbarkeit der Werbewirkung und somit des Kosten-Nutzen-Effektes ein Problem dar. Entgegenwirken kann man dem durch die Angabe eines speziellen Buchungscodes, der dann Rückschlüsse auf die tatsächlich generierten Umsatzzahlen, basierend auf dem beworbenen Package zulässt. Eine weitere Möglichkeit, zumindest die Quote der erzielten Aufmerksamkeit des Mailings zu ermitteln, sind eingebaute oder beigefügte Rückantworten. Hier wird dem Kunden die Möglichkeit geboten, – beispielsweise durch Beilegen einer frankierten Postkarte – detailliertere Informationen anzufordern oder an einem Gewinnspiel teilzunehmen. Somit sind durch die erhaltenen Rückantworten Rückschlüsse auf die erreichte Aufmerksamkeit möglich.

Im Fazit sind also gezielte und gut durchdachte Mailingaktionen nach dem Prinzip „Weniger Masse, dafür mehr Klasse" zu empfehlen!

5.4 ■ Fragebogen

Generell liegt die Rücklaufquote von Fragebögen in der Hotellerie nicht bei den eigentlich wünschenswert hohen Prozentzahlen, sondern realistisch eher im einstelligen Bereich. Dennoch verzichtet kaum ein größeres Hotel darauf. Stellt der Gästefragebogen doch immer noch eines der besten Medien dar, den Gästen Kommentare zu den Service-Einrichtungen und Dienstleistungen zu entlocken. Insbesondere negative Kommentare sind für die erfolgreiche Etablierung eines professionellen Beschwerdemanagements (siehe Kapitel 9.5) und die langfristige Qualitätssicherung hilfreich. Ohne Fragebogen würden sie vielleicht überhaupt nicht dem Hotel gegenüber, sondern lediglich im privaten wie beruflichen Umfeld geäußert werden. Das Hotel hätte somit keine Möglichkeit, sich der Kritik zu stellen und gegebenenfalls Maßnahmen zur Gästerückgewinnung einzuleiten.

Zum Layout und der inhaltlichen Gestaltung gibt es keinerlei Standards in der Hotellerie. In vielen Fällen wird der Punkt des Tagungs- und Veranstaltungsbereichs einfach in den allgemeinen Gästefragebogen mit eingebaut. Unbedingt empfehlenswert ist dies nicht, da …

■ … dieser Bereich von vielen Gästen unabhängig vom restlichen Hotelangebot (so z.B. Tagungsgäste ohne Übernachtungsbuchung) genutzt wird. Somit würde der Gästefragebogen viel zu weit über die tatsächlich zu bewertenden Aspekte hinausgehen. Gleichzeitig würden aufgrund des begrenzten Rahmens nur Teilaspekte abgefragt werden können.

■ …jede Veranstaltung ihren individuellen Charakter besitzt und eine standardmäßige Abfrage der Zufriedenheit mit den Serviceleistungen nur bedingt Sinn macht.

■ …hier nur die teilnehmenden Gäste sowie der Referent befragt werden, nicht aber der buchende Kunde. Gerade dieses Feedback ist aber so wichtig, um zukünftige Buchungsanfragen besser einschätzen und bearbeiten zu können.

Viele Hotelketten und spezialisierte Tagungshotels setzen daher auf maßgeschneiderte Gästefragebögen. Dabei werden Elemente, welche exakt die in Anspruch genommenen Leistungen abfragen, zu einem individuellen Fragebogen zusammengesetzt. So sind dann auch verschiedene Versionen, zugeschnitten auf die unterschiedlichen Sichtweisen von Bucher, Referent und Gast, möglich. Zur Erstellung individueller Gästefragebögen sind grundsätzlich zwei Varianten denkbar:

■ Vorgefertigte Textbausteine werden je nach Kriterienvorgabe zusammengestellt und gegebenenfalls individuell abgeändert oder ergänzt. Der entstandene Gästefragebogen wird per Post oder als E-Mail-Anhang an den Kunden und/oder Referenten verschickt.

■ Hotels arbeiten mit selbst entwickelten oder im Spezialhandel erhältlichen Softwareprogrammen. Hier werden – vergleichbar mit den elektronisch generierten Veranstaltungsangeboten (vgl. Kapitel 4.2) – Textbausteine mit grafischen Elementen sowie individuellen/personifizierten Punkten kombiniert. Heraus kommt ein professionell gestalteter Gästefragebogen, der die Berücksichtigung der eigenen Schwerpunkte klar erkennen lässt und sich somit klar von der breiten Masse abhebt. Auch für diese fertige Version ist ein Versand sowohl auf dem Postweg als auch via E-Mail möglich.

Die jüngste Entwicklung in der hotelbetrieblichen Praxis zeigt, dass der Trend ganz klar hin zum elektronischen Versand geht. Einige Hotels bzw. Hotelketten haben die gedruckten Gästefragebögen bereits generell abgeschafft und versenden lieber stichprobenartig elektronische Fragebögen. Neben dem Vorteil für den Gast, der für das Ausfüllen am Bildschirm nur einen Bruchteil an Zeitaufwand und keine Portokosten mehr hat, wirkt sich die vereinfachte, automatisch generierte Auswertung der eingegangenen Rückläufer positiv für das Hotelmanagement aus. Des Weiteren wird bei dieser Vorgehensweise sichergestellt, dass die Fragebögen zuerst vom Hotelmanagement gelesen werden und somit eine mögliche Manipulation von Abteilungsleitern, die Kritik an der Leistung ihrer Abteilung vertuschen möchten, von vornherein ausgeschlossen wird.

Der Einsatz von Fragebögen ist im Veranstaltungsmanagement sicher generell zu befürworten (gerade in diesem komplexen Aufgabenbereich ist das Feedback der Kunden absolut wichtig für eine stetige Weiterentwicklung des Serviceangebotes), allerdings sollte das Gewicht auf individuelle, tiefgehende Gestaltungen anstatt auf Massenbefragungen gelegt werden. Neben der reinen Abfrage der Gäste- und Bucherzufriedenheit kommt der Aspekt des CRM voll zum Tragen. Ein Kunde, der so individuell betreut wird, fühlt sich und seine Veranstaltung vom Hotel für wichtig genommen und wertet bereits den Erhalt dieses maßgeschneiderten Fragebogens als Zeichen der aktiven Kundenbindung von Seiten des Hotels.

5.5 ■ Kundenbindungs-Management

Ziel eines jeden Kundenbindungs-Managements ist es, Kunden zu loyalen Kunden zu machen. Loyale Kunden…

- ■ …stehen zum Produkt

- ■ …sind nicht nur zufrieden, sondern begeistert

- ■ …fordern teilweise noch nicht einmal Konkurrenzangebote an

- ■ …buchen evtl. ganze Veranstaltungsserien über einen längeren Zeitraum im Voraus

- ■ …betreiben Mundpropaganda

- ■ …sehen eher wohlwollend über kleinere Servicemängel hinweg

- ■ …haben eine verringerte Preissensibilität (d.h. sie buchen das altbewährte Produkt auch dann noch, wenn ein Vergleichsprodukt billiger angeboten wird)

Instrumente, die zur Gewinnung und langfristigen Bindung loyaler Kunden eingesetzt werden, sind *Key Account Management* sowie auch *Relationship Marketing*. Selbstverständlich sind nicht alle sogenannten *Key Accounts* ausschließlich dem MICE zuzurechnen. Einige werden sicher gleichzeitig auch Key Accounts für andere Hotelbereiche, insbesondere den Zimmerbereich, sein. Daher ist bei der Betreuung eine enge Zusammenarbeit und Absprache mit der Verkaufs- und Marketingabteilung unerlässlich. Je mehr Umsatz ein Kunde dem Hotel insgesamt im Jahr bringt, desto wichtiger wird er eingestuft und desto intensiver wird die Betreuung ausfallen. Key Account Management im Veranstaltungsbereich kann unter anderem folgende Elemente enthalten:

■ regelmäßige Informationen über Serviceleistungen und Angebote (z. B. spezieller Newsletter)

■ Einladung zur Hausführung und Produktpräsentation, insbesondere das kulinarische Angebot

■ Einladung zu Kundenevents (z. B. Sommerparty, Halloween-Party etc.) – vgl. „Kundenveranstaltungen" in Kapitel 5.1

■ Angebot, Teambuilding-Events für den Kunden durchzuführen (z. B. Kochkurse, Weinseminare etc.)

■ Grußkarten bzw. Geschenke zum Geburtstag und/oder zu Weihnachten

Ein weiteres, nicht zu unterschätzendes Instrument im Kundenbindungsmanagement stellen Bonusprogramme dar. Allgemein bekannt sind in der Regel die allgemeinen Kartensysteme und die damit verbundenen Prämien der Hotellerie. Beispiele sind Hilton HHonors, Marriott Rewards, Starwood Preferred Guest oder auch der Gold Crown Club von Best Western. Vergleichbar sind die Prämienkartensysteme mit dem weitaus bekannteren „Miles and More"-Programm von Lufthansa. Da aber all diese Systeme den einzelnen Hotelgast ansprechen und seinen individuellen Umsatz zur Grundlage haben, sind sie zur Loyalitätssteigerung des Kunden/Veranstaltungsorganisators ungeeignet. Die logische Weiterentwicklung bestand also in der Einführung von Bonusprogrammen, bei denen nicht der Hotelaufenthalt selbst, sondern der gebuchte Umsatz die Grundlage bildet. Jedes Hotel muss selbst entscheiden, ob das Bonusprogramm dabei doppelt wirksam werden kann (wenn der Kunde zwar die Buchung durchführt und dem Hotel den Umsatz überhaupt erst bringt, der Gast aber die Kosten seines Hotelaufenthaltes selbst bezahlt) oder nur einmal angewandt werden kann. Hier eine Auflistung von Praxisbeispielen für Bonus- bzw. Vorteilsprogramme im Veranstaltungsbereich:

■ Accor: Favorite Guest Corporate Card
■ Marriott Int.: Marriott Rewarding Events
■ IHG (InterContinental Hotels Group): Business Club

Eine weitere Ausprägung von Bonusprogrammen sind sogenannte „Sekretärinnen-Programme". Diese werden individuell oder regional von kettenzugehörigen Hotels entwickelt. Der Begriff leitet sich aus den Zeiten ab, in denen Tagungen hauptsächlich von den entsprechenden Abteilungs- oder Vorstandssekretärinnen organisiert und gebucht wurden. Heutzutage wird diese Funktion selbstverständlich mehr und mehr von betriebsinternen

Praxisbeispiel für die Bewerbung eines Kundenbindungssystems

Reisestellen, *Implant-Firmenreisebüros* oder Event-Agenturen übernommen. So werden also die tatsächlich buchenden Personen (meist im näheren Umkreis des Hotels und in überschaubarer Anzahl) in einer Datei erfasst, mit Informationen versorgt, zu Events eingeladen und beschenkt. Darüber hinaus gibt es die Möglichkeit, Systeme zu etablieren, die ein Sammeln von Punkten abhängig vom gebuchten Umsatz zum Ziel haben. Die gesammelten Punkte können definitionsgemäß in Prämien eingelöst werden. Beispiele für Prämien im Sekretärinnen-Programm sind:

■ Brunchgutschein

■ Menügutschein

■ Gutschein für die Nutzung des Wellnessbereichs – eventuell inklusive Massage oder kosmetischer Behandlung

■ Übernachtungsgutschein im eigenen oder einem Partnerhotel

■ Theater-/Konzertkarten

...

Einige Hotelketten gehen aber in jüngster Vergangenheit durchaus völlig neue Wege in der Kundenbindung. Anstatt immer weitere Prämienprogramme zu entwickeln (von deren Vielzahl die Kunden privat wie beruflich mehr und mehr genervt sind und wobei sich die Prämieneinlösung nicht immer so einfach wie beworben gestaltet), bieten Sie den Kunden technische Entwicklungen zur Vereinfachung der Arbeitsprozesse an. Diese erreichen beim Veranstaltungsorganisator einen beschleunigten Anfrage- bzw. Buchungsvorgang. Begleitet wird dieser häufig von zusätzlichen bis hin zu überraschenden Serviceleistungen.

Einige Beispiele:

■ Zutritt zu einem passwortgeschützten Homepagebereich, der diesen Kunden vorbehalten ist und Zusatzinformationen oder besondere Angebote anzeigt

■ Plattformen zur Vermittlung/Buchung externer Leistungen (z. B. Mietwagen oder Anreise per Bahn bzw. Flug)

■ Reisekostenanalyse – evtl. sogar weltweit für alle Hotels einer Hotelkette

■ Vereinfachte Veranstaltungsabrechnung (siehe auch vergleichbare externe Systeme in Kapitel 7.9)

■ Individuelles, auf die Kundenansprüche zugeschnittenes *Business Engineering* inklusive Prozessanalyse und IT-unterstützte Prozessoptimierung

■ Einrichtung einer kundenspezifischen Datenbank, die alle angefragten und gebuchten Serviceleistungen erfasst und analysiert. Kosteneinsparungen und zukünftig vereinfachte da maßgeschneiderte Buchungsprozesse sind so möglich

PRAXISBEISPIEL

Personalized Online Groups (POG)

Erstellen Sie eine Internetseite, die so einzigartig ist wie Ihre Veranstaltung. Die POG ist perfekt auf Ihre Bedürfnisse zugeschnitten und enthält Einzelheiten über Veranstaltung, Hotel und Ort und bietet so den Teilnehmern ganz bequem alle gewünschten Informationen. Darüber hinaus können die Teilnehmer auch Zimmer ansehen und zu garantierten Preisen in dem von Ihnen gewählten Hotel buchen. POGs sind verfügbar für Gruppen, die zehn Zimmer und mehr benötigen, lassen sich schnell – und kostenfrei – einrichten und stehen online sieben Tage die Woche rund um die Uhr zur Verfügung. Hilton Family Hotels verbinden moderne POG-Technologie mit Kompetenz und reicher Erfahrung im Organisieren außergewöhnlicher Veranstaltungen.

Mit Kompetenz, langjähriger Erfahrung und unserem preisgekrönten Service unterstützen wir Sie von der Planungsphase bis zum Tag der Veranstaltung. Ganz gleich, um welchen Anlass es sich handelt, wir sorgen dafür, dass Ihre Veranstaltung absolut reibungslos und erfolgreich verläuft.

Bitte setzen Sie sich mit Ihrem Hotel in Verbindung, um eine POG einzurichten, oder besuchen Sie die Seite Hilton Personalized Online Groups. Ausgezeichnet mit dem Business Travel Show Innovation Award 2008 für Technologie

Quelle: www.hilton.de

Im Zeitalter der immer rasanter zunehmenden technischen Neuerungen und Fortschritte stellen die hier aufgezeigten Möglichkeiten der Kundenbindung unter Einbeziehung moderner Technologien sicherlich nur eine Momentaufnahme dar. Die kommenden Jahre werden weitere Errungenschaften der Arbeitserleichterung und -professionalisierung mit sich bringen. Hotelkonzerne können sich aufgrund ihrer personellen und finanziellen Möglichkeiten wohl einen nicht unbedeutenden Wettbewerbsvorteil verschaffen. Einzelhotels sollten dagegen verstärkt auf eine persönliche, ehrliche und herzliche Kundenbindung setzen. Zahlreiche Studien beweisen, dass zwar moderne Technologien noch weiter an Wichtigkeit zunehmen werden, andererseits aber ein deutlicher Bedeutungsanstieg der Menschlichkeit im Hotelservice im unpersönlichen Technologiezeitalter zu verzeichnen ist.

Bei all den vorangegangenen Erläuterungen, wie die buchenden Kunden gebunden werden sollen, dürfen keinesfalls die Tagungsgäste übersehen werden. Selbst wenn diese sich zum einen gar nicht aus freien Stücken zum Hotelaufenthalt entschlossen haben und zum anderen unter Umständen die Rechnung auch nicht selbst begleichen, so sind sie doch ein unschätzbarer Marketingfaktor. Der Multiplikator-Effekt durch Tagungsgäste, die nach zufriedenem Aufenthalt Restaurant oder Hotel weiterempfehlen bzw. einen privaten Aufenthalt folgen lassen, ist immens und kostenfrei dazu. Daher sollten Kundenbindungsprogramme breit gefächert sein und sämtlich direkten oder indirekten Kunden des Hotels einschließen.

Abschließend bleibt festzuhalten, dass die beste Kundenbindungsmaßnahme eine gleichbleibend gute Servicequalität mit professionellem Personal ist und bleibt. Dies kann durch keinerlei sonstige Programme und Maßnahmen ersetzt, sondern lediglich von ihnen unterstützt werden!

■ Zusammenfassung   5.6

- ■ Durchgeführt werden Hausführungen von Event-Mitarbeitern im Rahmen von Kundenpräsentationen und Pre-Con-Meetings, ansonsten eher von Verkaufsmitarbeitern oder dem Guest Relation Manager.

- ■ Hausführungen sollten individuell auf die Kundeninteressen abgestimmt sein – Präferenzen können bereits im Vorfeld vorliegen oder sie ergeben sich im persönlichen Gespräch.

- ■ Kundenveranstaltungen können entweder im privateren Kreis, in dem sich die Teilnehmer bereits kennen oder im großen Kreis zum gegenseitigen Informationsaustausch stattfinden.

- ■ Die Gestaltung professioneller Präsentationsmappen ist auch im Internet-Zeitalter absolut zeitgemäß und unerlässlich. Es empfehlen sich flexible Systeme, die eine individuelle Zusammenstellung der relevanten Informationen ermöglichen. So konnte beispielsweise auch auf Pharmakodex-konforme Gestaltungsmöglichkeiten von Tagungen und Events eingegangen werden.

- ■ Willkommensbriefe gehören neben der persönlichen Begrüßung des Veranstaltungsorganisators bzw. des Referenten zum guten Stil eines Hotels.

- Willkommensbriefe sollten personifiziert, mit den wichtigsten Ansprechpartnern und deren Erreichbarkeit, den Öffnungszeiten der Service-Einrichtungen und einer Einladung zu einem letzten Abstimmungsgespräch der Veranstaltungsdetails versehen sein.

- Mailings werden wohl nur in den seltensten Fällen isoliert vom Event-Management gestaltet und durchgeführt. Vielmehr kombiniert die Verkaufs- und Marketingabteilung interessante Neuigkeiten aus dem MICE-Bereich mit allgemeinen Hotelinformationen und gestaltet ein ansprechendes Mailing, das sich bereits optisch von der breiten Masse abhebt.

- „Weniger Masse, dafür mehr Klasse" wird durch gut recherchierte Zielgruppenbestimmung erreicht.

- Der Einsatz standardmäßiger Gästefragebögen macht im Veranstaltungsbereich kaum Sinn, da der individuelle Charakter der Veranstaltungen dabei nicht berücksichtigt wird. Textbausteine und spezielle Software unterstützen die Erstellung individueller Fragebögen für Veranstaltungsteilnehmer, -organisatoren und Referenten.

- Die von jeher in der Hotellerie eher geringe Rücklaufquote von Gästefragebögen kann durch die gezielte Versendung individueller Fragestellungen deutlich gesteigert werden. U.a. wird dem Kunden das Gefühl vermittelt, dass das Hotel die Buchung und die daraus resultierende Kritik an den Serviceleistungen ernst nimmt.

- Ziel des Kundenbindungs-Managements ist es, Kunden zu loyalen Kunden zu machen.

- Instrumente des CRM sind Key Account Management, Relationship Marketing, Bonusprogramme, „Sekretärinnen-Programme" und in neuerer Entwicklung das Angebot der Arbeitsprozess-Vereinfachung.

- Früher, heute und in Zukunft bleibt aber gleichbleibend gute Servicequalität in Verbindung mit professionellem Personal die beste Kundenbindungsmaßnahme!

Revenue Management 6

6.1 ■ Yield Management – Zimmer und Tagungsräume

Die klassische Definition von Yield Management lautet:

„Yield Management wird als Umsatz- oder Ertragsmanagement verstanden. Es bildet ein Instrument zur Lenkung der Nachfrage, das eine optimale und nicht maximale Kapazitätsnutzung anstrebt."

Während allgemein in der Hotellerie Yield Management unmittelbar mit der Zimmerpreisgestaltung in Zusammenhang gesetzt wird, sind für den MICE-Bereich insbesondere folgende beispielhafte Fragestellungen zu beantworten:

■ „Soll eine Tagungsanfrage, die lediglich den Tagungsraum füllt, aber keine Zimmerreservierung mit sich bringt, für ein bestimmtes Datum angenommen werden oder nicht?"

■ „Ist der Zimmerpreis zu einem bestimmten Datum in Verbindung mit einer Tagungsanfrage niedriger, höher oder gleich hoch wie für Individualgäste?"

■ „Wird eine generelle *Ceiling*, also ein Gruppen-Zimmerkontingent eingerichtet oder ist in jedem Fall die Gruppenreservierungsanfrage mit dem Reservierungsleiter abzustimmen?"

Bei der Bearbeitung bzw. Beantwortung dieser und weiterer Fragen ist stets der Satzteil „es wird eine **optimale** und nicht maximale Kapazitätsauslastung angestrebt" in den Vordergrund zu stellen. Ein Beispiel soll dies verdeutlichen: Für ein bestimmtes Datum ist die Individualnachfrage bereits lange Zeit im voraus sehr hoch. Entspricht man nun dieser Nachfrage unkontrolliert, wird das Hotel relativ schnell zimmermäßig ausgebucht sein. Für den MICE-Bereich würde das bedeuten, dass lediglich Veranstaltungen, die keine Übernachtungsbuchungen mit sich bringen, angenommen werden können. Da diese Veranstaltungen nicht unbedingt den Großteil der Anfragen ausmachen und naturgemäß zumeist lediglich eintägig sind, wird zwangsläufig mit Umsatzeinbußen in diesem Bereich zu rechnen sein. Würden jetzt also nicht alle Zimmer zum besten Preis an Individualgäste verkauft werden, sondern ein gewisses Kontingent für Veranstaltungsbuchungen zurückgehalten werden, so könnte im Endeffekt der Gesamtumsatz des Hotels selbst bei evtl. niedrigeren Gruppen-Zimmerraten maximiert werden. Hier würde sich also die optimale gegenüber der maximalen Kapazitätsauslastung der Hotelzimmer finanziell bezahlt machen.

Voraussetzung für die erfolgreiche Ein- und Durchführung eines solchen Yield Managements, das den MICE-Bereich einschließt, sind folgende Faktoren:

- Langjährige Erfahrung und exzellente Marktkenntnis sowohl des Reservierungsleiters
  als auch des Event-Managers

- Enge Zusammenarbeit und regelmäßiger Informationsaustausch zwischen Reservierungsleiter, Event-Manager und Marketingleiter

- Zuverlässige und konstante Datenaufzeichnungen über Anfragen und durchgeführte
  Veranstaltungen bzw. allgemeine Hotelauslastung in der Vergangenheit

- Erstellung eines jährlichen – möglichst tagesgenauen – Budgets sowohl für den Zim-
  mer- als auch für den Bankettbereich, eingebettet in den Marketingplan (vgl. auch
  Kapitel 7.1)

- Marktgerechte Gestaltung der täglichen Zimmerpreise

- Kenntnis der Konkurrenzprodukte am Markt und deren Preise

- Garantiert identischer auf sämtlichen Distributionskanälen veröffentlichter Zimmerpreis, um dem Kunden Ratenparität und somit eine für ihn bequeme, weil einfache
  Zimmerpreisermittlung bieten zu können

Wie also wird nun in der Praxis der optimale Umfang des Zimmerkontingents für Gruppen
sowie der entsprechende, gewinnmaximierende Gruppen-Zimmerpreis ermittelt? Dies
geschieht in der Regel in folgenden Schritten:

1 Historische Daten der vergangenen Jahre werden verglichen: Sowohl angefragte wie
auch letztendlich feste Buchungen im Individual- bzw. Gruppenbereich des eigenen
Hotels zu einem bestimmten oder vergleichbaren Datum als auch vergleichbare Daten
von Hotels derselben Kette oder innerhalb desselben Marktes werden analysiert. Ziel
ist es, das Nachfragevolumen aus der Vergangenheit auf die Zukunft zu übertragen
und somit realistisch abschätzen zu können.

2 Im Marketingplan bzw. im darin integrierten Budget werden zukünftige Termine hinsichtlich der voraussichtlichen Marktnachfrage analysiert. Beispielsweise ist zu Ferien-
zeiten oder Wochen mit Feiertagen generell mit schwächerer Nachfrage im MICE zu

rechnen, während Messen oder sonstigen Events (Sport, Kultur, Politik) sind die individuelle Nachfrage und somit die hier zu erzielenden Zimmerpreise eher als hoch einzustufen. Bei Terminen mit extrem hoher Nachfrage für einen Zeitraum über mehrere Tage hinweg (z. B. eine einwöchige internationale Messe) wird unter Umständen ein sogenannter „Minimum Stay" als Buchungsrichtlinie festgelegt. D. h. dass nur Buchungen akzeptiert werden, die eine bestimmte Anzahl an Nächten umfassen (z. B. werden nur Buchungen, die mindestens 4 Nächte von Montag bis Freitag enthalten, angenommen, nicht aber Buchungsanfragen für 1 Nacht Mittwoch auf Donnerstag). So wird eine gleichmäßige Auslastung ohne Buchungslücken unterstützt.

3 Im nächsten Schritt wird die Konkurrenzsituation analysiert. Neben der allgemeinen Konkurrenzanalyse (siehe Kapitel 3.6) wird insbesondere deren Preisstruktur untersucht. Historische Zahlen werden dabei vielfach gegenseitig offen ausgetauscht. Zukünftige Preisentwicklungen müssen dagegen „anonym ermittelt" werden. Was früher noch üblicherweise durch sog. „Shop Calls" (= fingierte Anrufe mit der Bitte um Preisauskunft für ein bestimmtes Datum) mühsam erarbeitet wurde, ist heutzutage durch die Internet-Vertriebskanäle relativ einfach zu bestimmen. Tabellarisch bzw. grafisch können die Raten der Konkurrenten den eigenen gegenüber gestellt werden. Um diesen Prozess bequemer und gleichzeitig professioneller zu gestalten, gibt es Unternehmen, die sich auf exakt diese Analyse spezialisiert haben. Sie beobachten den Markt und werten in einer detaillierten Art und Weise Daten aus, wie dies für einen einzelnen Reservierungsleiter nicht möglich wäre. In der Fachsprache nennt sich dieser Prozess *Benchmarking*. Preisstrategien, durch die in der Vergangenheit Umsatz an die Konkurrenz verloren wurde, sollen so für die Zukunft optimiert werden.

4 Neben dem Jahreskalender bringt auch die Einbeziehung bereits lange im voraus gebuchter Veranstaltungen (z. B. werden internationale Kongresse häufig 4 bis 5 Jahre vor Veranstaltungsbeginn geplant) Aufschluss über die Nachfragesituation bzw. die überhaupt noch zu verkaufenden Zimmer/Tagungsräumlichkeiten. Sind zu einem Termin bereits 75 % der Zimmer durch eine große Veranstaltung geblockt, so wird die Preisstrategie für die nur 25 % der Zimmer sicherlich anders aussehen als dies für 100 % der Zimmer der Fall wäre.

5 Nun muss eine generelle Entscheidung pro oder contra der Einführung einer *Ceiling* getroffen werden. Wird eine Ceiling eingeführt, so bedeutet dies, dass die Event-Abteilung über dieses Zimmerkontingent zu einem festgesetzten Zimmerpreis ohne Rücksprache mit der Reservierung verfügen kann. Die Arbeitsprozesse werden durch

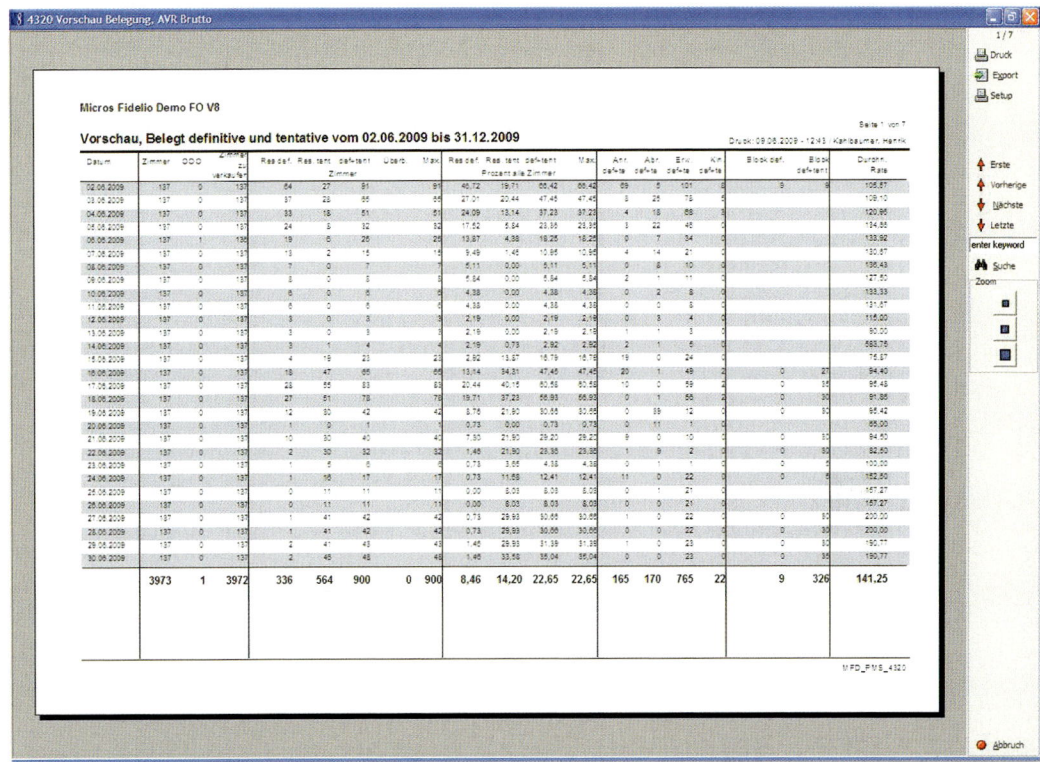

Belegungsforecast als Bericht; Micros-Fidelio GmbH, Suite8

die direkte Abwicklung beschleunigt. Im Gegenzug wiederum bedeutet dies, dass die Reservierung nur Zimmer, die über das Kontingent hinausgehen, an Individualgäste verkaufen kann. Im schlechtesten, weil mangelhaft organisierten Fall, lehnt die Reservierung Individualanfragen mit dem Kommentar „zum gewünschten Termin ist unser Hotel leider bereits ausgebucht" ab, während gleichzeitig Zimmerkontingente in der Event-Abteilung ungenutzt bleiben. Sollte also eine Ceiling eingerichtet werden, so sind zum einen die Buchungsstände auf beiden Seiten regelmäßig zu prüfen und abzuklären. Zum anderen ist ein Zeitpunkt vor Erreichen des jeweiligen Datums (z. B. 2 oder 4 Wochen) festzulegen, zu dem sämtliche nicht verkaufte Zimmer des Kontingents an die Reservierung zurück gehen. Sind kurzfristigere Tagungsanfragen vorhanden, so müssen diese dann mit der Reservierung abgestimmt werden.

6 Für Gruppen, die Zimmerkontingente benötigen, die die Höhe der Ceiling überschreiten, ist in jedem Fall eine Absprache von Reservierungsleiter und Event-Manager erforderlich. Ein hohes Gruppenkontingent bringt zwar auf den ersten Blick eine – vielleicht sogar bereits lange im voraus – gesicherte Zimmerbelegung, auf den zweiten

Blick muss sich dies aber nicht zwingend positiv auf den finanziellen Erfolg des Hotels auswirken. Bucht eine Firma beispielsweise eine Tagung für 2 Nächte Dienstag und Mittwoch und belegt dabei 80 % aller Hotelzimmer, so wird der Zimmerverkauf für die restliche Woche evtl. gebremst, da kaum Buchungsanfragen über mehrere Nächte hinweg angenommen werden können. Des Weiteren wird der Verkauf der weiteren, durch die Gruppe ungenutzten Tagungsräume behindert, da diese nun lediglich für eintägige Veranstaltungen ohne Zimmerbuchungen angeboten werden können. Für die Entscheidung, ob auf eine solch umfangreiche Buchungsanfrage hin ein Angebot erstellt werden soll, sind folgende Überlegungen von grundlegender Bedeutung: Einerseits ist zu klären, in welcher Höhe zusätzlicher Umsatz im Bankettbereich oder im allgemeinen F&B-Bereich zu generieren ist. Der erwartete Gesamtumsatz ist mit dem Budget sowie einer realistischen Abschätzung alternativer Veranstaltungs-anfragen abzugleichen. Es ist also der *Break-Even* der einzelnen Veranstaltung in Kombination mit dem Break-Even des gesamten Hotels zu errechnen und zu analy-sieren. Hier tritt ganz klar wiederum das Kernelement des Yield Managements, nämlich die Optimierung statt Maximierung der Kapazitätsauslastung in den Vordergrund. Andererseits wird in der Praxis in derartigen Fällen vielfach vom eigentlich fest-gesetzten Gruppen-Zimmerpreis abgewichen. Aufgrund der Schwierigkeiten, die zwangsweise entstehenden Buchungslücken an den Tagen vor der Gruppenanreise sowie an den Tagen nach der Gruppenabreise zu füllen, werden die erwarteten Umsatzverluste an den Kunden weitergegeben. Dies kann im Rahmen der Angebots-erstellung entweder durch höhere Gruppen-Zimmerpreise (die in diesem Fall durch-aus über den Individual-Zimmerpreisen liegen können), die In-Rechnung-Stellung eines reduzierten, nicht tatsächlich genutzten Zimmerkontingentes vor und nach der Veranstaltung oder eine angesetzte Pauschale geschehen. Insbesondere bei so-genannten Exklusiv-Buchungen, bei denen ein komplettes Hotel exklusiv für eine Gruppe angefragt wird, sind die Ausfallkosten derart hoch, dass sich eine – zumin-dest teilweise – Weitergabe des Umsatzverlustes an den Kunden eingebürgert hat. Selbstverständlich ist diese Strategie den Kunden teilweise nur schwer zu erklären, da im Alltag der Preis bei Abnahme einer großen Menge eines Artikels zumeist sinkt, hier aber tendenziell steigt.

7 Um die aufgestellte Preisstrategie erfolgreich umsetzen zu können, ist selbstver-ständlich eine fortlaufende Überprüfung der eigenen Preisstrategie, der Preis-strategien der Konkurrenten sowie eine profunde Marktbetrachtung unerlässlich. Sollten dabei Änderungen gegenüber den anfänglichen Erkenntnissen auftreten, so ist die Preisstrategie zu überdenken und die Zimmerraten gegebenenfalls flexibel anzupassen.

Um nun – wie unter Punkt 6 beschrieben – die Wirtschaftlichkeit einer Veranstaltungsanfrage abklären und gleichzeitig einen Angebotspreis bestimmen zu können, ist folgende
Kalkulationsformel nützlich:

INFO

Preiskalkulation im Tagungs- und Eventbereich

$$E = \frac{P + WS \text{ (gesamt)} + WG \text{ (gesamt)} + SRK - S}{G \, (1 + B\% - GW\% - Ü\%)}$$

Nachstehend die Erläuterung der in der Formel verwendeten Abkürzungen:

E	= Netto-Erlös Speisen und Getränke pro Gast
P	= Relevante Personalkosten
WS (gesamt)	= Soll-Wareneinsatzkosten Speisen
WG (gesamt)	= Soll-Wareneinsatzkosten Getränke
S	= Sonstige Erträge
SRK	= Sonstige relevante Kosten
G	= Garantiezahl der Gäste
B%	= Prozentsatz des Bedienungsgeldes
Ü%	= Übriger Betriebsaufwand F&B
GW%	= Erwarteter Brutto-Gewinnprozentsatz pro Bankettveranstaltung

Schreiber, M.-T.:
Kongress- und
Tagungsmanagement,
München 2002

Während das Bedienungsgeld üblicherweise mit 15% angesetzt wird und auch die Pro-
zentsätze für den erwarteten Brutto-Gewinn sowie für den übrigen Betriebsaufwand
F&B in der Regel feste Größen darstellen, sind die restlichen Angaben variabel. Durch das
Einsetzen alternativer Werte wird schnell deutlich, wie sich etwa ein veränderter Personal-
oder Warenaufwand auf den kalkulatorischen Netto-Erlös auswirkt.

Selbstverständlich darf das Ergebnis dieser Berechnung nicht isoliert betrachtet werden, sondern es muss vielmehr mit der vom Kunden vorgegebenen Preisobergrenze abgeglichen und mit den Erlösen aus Zimmerbuchungen sowie der allgemeinen Nachfragesituation zum angefragten Zeitpunkt in Zusammenhang gesetzt werden.

Allein aus diesen Erläuterungen wird ersichtlich, dass Yield Management ein Höchstmaß an strategischem Denken und Marktübersicht erfordert. Wird die Preisstrategie mit wirtschaftlichem Erfolg und evtl. Marktführerschaft belohnt, spornt dies zu immer weiterer Professionalisierung der Strategiefindung an. Auch wenn die technischen Möglichkeiten zur Unterstützung der Prozesse immer besser und ausgefeilter werden, so bleibt doch das menschliche Denken und Fingerspitzengefühl ein durch nichts ersetzbarer grundlegender Faktor.

Bei der Preisfindung sollte der folgende Grundsatz unbedingt bedacht werden: Insbesondere in wirtschaftlich schweren Zeiten darf an der Preisschraube im Kampf um Tagungsgäste nur soweit gedreht werden, wie Serviceleistungen einerseits kostendeckend angeboten werden können und andererseits der Qualitätsstandard dabei nicht absinkt. Mit zwar kostengünstiger, aber dafür für den Kunden nicht zufriedenstellender Leistung werden Kunden weder in der Krise noch danach zu Stammkunden werden. Kunden ärgern sich im Nachhinein über schlechte Serviceleistungen mehr als über hohe Preise!

Eine noch recht junge Entwicklung im MICE stellen Internetauktionen dar. Dies bedeutet, darauf spezialisierte Unternehmen leiten die Kundenanfragen an die Hotels weiter. Sie registrieren die eingehenden Angebote und legen den Ausgangspeis fest. Die beteiligten Hotels können sich im Verlauf der Auktion unterbieten. Das günstigste Angebot erhält den Zuschlag. Folge dieser Entwicklung ist ganz klar ein aggressiver Preiskampf. Die in der Hotellerie sowieso gerade einigermaßen kostendeckenden Preisstrukturen werden weiter nach unten gedrückt. Aus diesem Grund warnt beispielsweise die HSMA Deutschland (Hospitality Sales- and Marketing Association) vor der Teilnahme an Internetauktionen, um den Preisverfall nicht weiter voranzutreiben. Positive Reaktionen sind wiederum von Hoteliers zu verzeichnen, die mit dem Zuschlag kurzfristiger Anfragen Kapazitäten zumindest kostendeckend verkaufen können, die anderweitig leer geblieben wären. Ein Beispiel sind Störungen im Flugverkehr. Sollten Passagiere nicht wie geplant reisen können und die Nacht am Abflugort verbringen müssen, sucht die Fluggesellschaft kurzfristig nach Übernachtungs- und Verpflegungsmöglichkeiten. Hotels können am Nachmittag bereits ziemlich exakt die Auslastung der kommenden Nacht vorhersagen und im Rahmen der unverkäuflichen Kapazitäten an der entsprechenden Internetauktion teilnehmen.

■ Tagungspauschalen 6.2

In der mittelständischen wie Konzern-Hotellerie hat sich das Angebot von Tagungspauschalen anstatt der Einzelabrechnung von Tagungsraummiete, Tagungstechnik und gastronomi-
schem Angebot durchgesetzt. Dies nicht zuletzt aufgrund der starken Kundenakzeptanz:
Kunden bevorzugen im Vorfeld vereinbarte Fixpreise. Dies ermöglicht Kostenplanung
und -kontrolle einerseits und eine Vergleichbarkeit alternativer Veranstaltungsangebote
andererseits. Vielfach werden diese Pauschalen auch mit dem englischen Begriff Meeting
Packages bezeichnet.

In der Praxis finden sich v. a. sogenannte Komplettpauschalen für einen Tag, die unter
verschiedenen Bezeichnungen doch größtenteils ein vergleichbares Angebotsspektrum
einschließen. Unter Berücksichtigung der Kundenwünsche (siehe nachfolgende Grafik)
hat sich folgende Zusammensetzung etabliert:

Inhalt einer Standard-Tagungspauschale

Was muss eine Standard-Tagespauschale beinhalten?

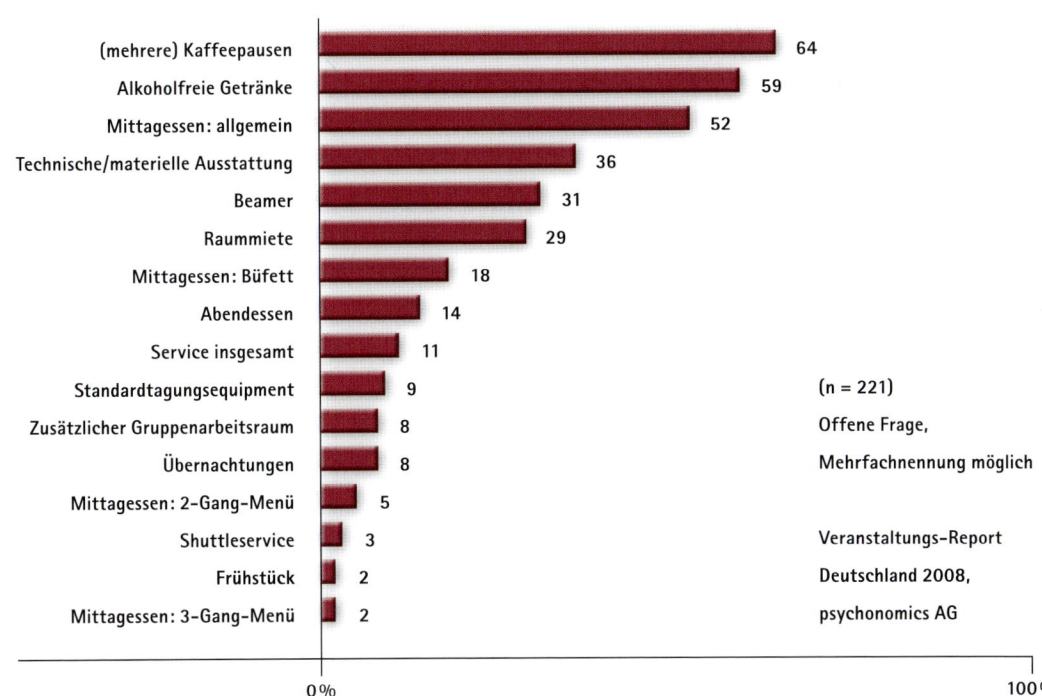

(mehrere) Kaffeepausen	64
Alkoholfreie Getränke	59
Mittagessen: allgemein	52
Technische/materielle Ausstattung	36
Beamer	31
Raummiete	29
Mittagessen: Büfett	18
Abendessen	14
Service insgesamt	11
Standardtagungsequipment	9
Zusätzlicher Gruppenarbeitsraum	8
Übernachtungen	8
Mittagessen: 2-Gang-Menü	5
Shuttleservice	3
Frühstück	2
Mittagessen: 3-Gang-Menü	2

(n = 221)
Offene Frage,
Mehrfachnennung möglich

Veranstaltungs-Report
Deutschland 2008,
psychonomics AG

0 %   100 %

INFO

Inhalt einer Standard-Tagungspauschale:

- Miete Tagungsraum

- Miete Standard-Tagungstechnik (Flipchart, Overhead-Projektor, Leinwand und Beamer wird zunehmend als Standard-Tagungstechnik angesehen und inkludiert)

- Blöcke und Stifte

- Begrüßungskaffee

- Vormittags- und Nachmittags-Kaffeepause inkl. süßer oder herzhafter Snacks – alternativ: ganztägig aufgebaute Kaffeestation mit ständig frisch aufgefüllten Getränken und süßer bzw. herzhafter Snacks

- Mittagessen (Menü oder Büfett inkl. alkoholfreier Getränke)

- Tagungsgetränke (alkoholfreie Getränke im Tagungsraum)

In Ergänzung ist es sinnvoll, eine Halbtages-Pauschale (um eine Kaffeepause sowie die anteiligen Mieten gekürzt) oder Übernachtungs-Pauschale (inkl. Zimmer- und Frühstückspreis, evtl. inkl. Abendessen) anzubieten.

Wie bereits aus der Auflistung zu erkennen, werden Zusatzleistungen wie die Miete zusätzlicher Tagungsräume, sog. *Breakout-Rooms* oder ergänzende Tagungstechnik (siehe Kapitel 8.1) separat in Rechnung gestellt.

Für die Preiskalkulation der Tagungspauschalen ist die Zusammenarbeit der folgenden Abteilungsleiter nötig:

- Event-Manager (übernimmt die Zusammenführung der einzelnen Kalkulationen, bestimmt den Package-Preis und vergleicht diesen mit den am Markt üblichen Preisen)

- Küchenchef (führt die Kalkulation der Wareneinsatzkosten für die eingeschlossenen Speisen durch)

- Bankettleiter (führt die Kalkulation der Tagungsraum-Miete inkl. Blöcke und Stifte sowie der Wareneinsatzkosten der eingeschlossenen Getränke durch)

- Techniker (führt die Kalkulation der anzusetzenden Tagungstechnik-Miete durch)

- Controller (kontrolliert die Berechnungen, gleicht sie mit dem Budget ab und gibt sie zur Veröffentlichung frei)

Mittlerweile haben sich Angebot und Preise für Tagungspauschalen am Markt stark angeglichen und werden mehr und mehr zum austauschbaren Produkt. Auch hier gilt die Devise, dass Preisnachlässe wenn überhaupt, dann nur kurzfristig oder saisonal zum wirtschaftlichen Erfolg beitragen können. Preisdumping führt zum langfristigen Preisverfall und somit zu Gewinnreduzierungen. Eine wesentlich erfolgreichere Strategie ist in der Individualisierung zu sehen. Auch wenn das Angebot von Pauschalen marktgerecht ist und von den Kunden gefordert wird, so sollte man selbst nicht zum austauschbaren Produkt werden. Andersartigkeit und Besonderheit wird dem Kunden ungleich länger in positiver Erinnerung bleiben als eine Preisreduzierung. Hier ein paar Denkanstöße, Tagungspauschalen individueller zu gestalten:

- Themen-Kaffeepausen zum Wählen – inkl. der entsprechenden Dekoration und evtl. sogar Kellner-Uniform

- Kurzes Fitnessprogramm am Nachmittag zur „Reanimierung" durch das Service-Personal

- Kaffeepausen an ungewöhnlichen Orten (z. B. Dachterrasse, Fitnessraum, Küche)

- … lassen Sie ihrer Fantasie und Kreativität freien Lauf!

■ Tagungsraum-(Zeit-)Management   6.3

Werden Tagungsräume vermietet, ist hier ein mindestens ebenso detailiertes und aufwändiges Organisationsverfahren wie in der Zimmerverwaltung einzurichten. In den meisten Fällen geschieht dies heute mit Hilfe von Spezial-Software (vgl. Kapitel 3.3). Dort werden in den Stammdaten sämtliche Tagungsräumlichkeiten erfasst. Sind die Räume unterteilbar, müssen zwangsweise alle Kombinationsmöglichkeiten erfasst und miteinander verknüpft werden. Ein vereinfachtes Beispiel:

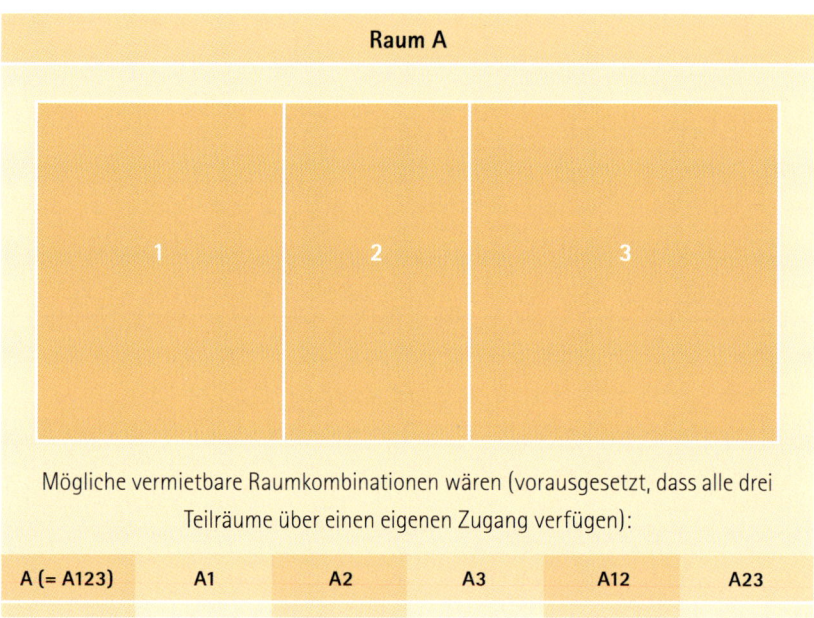

Raum A					
1		2		3	

Mögliche vermietbare Raumkombinationen wären (vorausgesetzt, dass alle drei Teilräume über einen eigenen Zugang verfügen):

A (= A123)	A1	A2	A3	A12	A23

Wurde nun bereits A1 an einen Kunden vermietet, stehen lediglich noch die Kombinationen A2, A3 sowie A23 zur Verfügung. Die Software bzw. das manuelle System muss in der Lage sein, diese Informationen entsprechend zu verarbeiten und Doppelbuchungen vorzubeugen.

Ein weiterer, essentiell wichtiger Punkt im Tagungsraum-Management ist die richtige Berechnung und Veröffentlichung der Kapazitäten. Meist mit Hilfe von physischen Stellproben wird ermittelt, unter welcher Bestuhlungsform wie viele Tagungs- bzw. Eventgäste im jeweiligen Tagungsraum Platz finden. Hier die Fortführung des Beispiels:

	A	A1	A2	A3	A12	A23
Theater	120	40	30	50	70	80
Parlamentarisch	90	30	20	40	50	60
Gala	60	20	10	30	30	40

Zur Erklärung: Theater-Bestuhlung bedeutet Sitzreihen, parlamentarische Bestuhlung gleicht der Schule mit Tischen und Stühlen; unter Gala versteht man im Allgemeinen runde Zehnertische.

PRAXISBEISPIEL

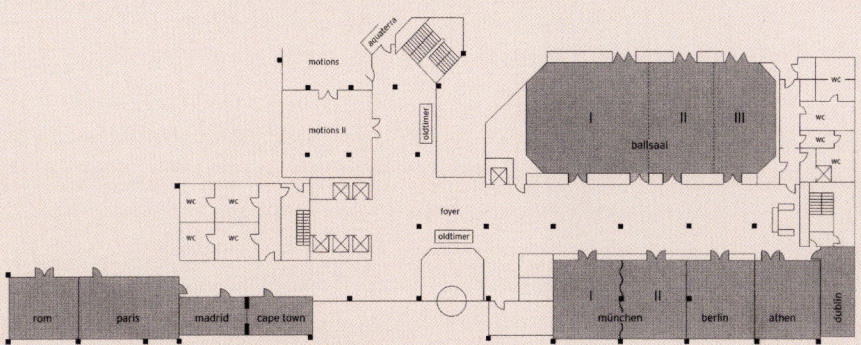

Raum / Room	Bestuhlungsart / Personenzahl Set-up / seating capacity					Fläche in qm / Area in sqm	Fläche in sqft / Area in sqft	Max. Länge in m / Max. length in m	Max. Länge in ft / Max. length in ft	Max. Breite in m / Max. width in m	Max. Breite in ft / Max. width in ft	Raumhöhe in m / Room height in m	Raumhöhe in ft / Room height in ft	Tageslicht / Daylight
	Block / Block	U-Form / U-shape	Parlament / Classroom	Stuhlreihen / Theatre	Bankett / Banquet									
ballsaal	-	-	280	500	300	371,60	3998,42	29,30	96,10	12,95	42,48	4,25	13,94	nein/no
ballsaal i	60	50	126	220	120	190,00	2044,40	15,00	49,20	12,95	42,48	4,25	13,94	nein/no
ballsaal ii	32	30	50	110	70	93,00	1000,68	7,20	23,62	12,95	42,48	4,25	13,94	nein/no
ballsaal iii	32	30	50	100	50	84,00	903,84	6,70	21,98	12,95	42,48	4,25	13,94	nein/no
ballsaal i + ii	80	70	200	320	190	283,00	3045,08	22,20	72,82	12,95	42,48	4,25	13,94	nein/no
ballsaal ii + iii	60	50	112	210	120	177,00	1904,52	13,90	45,59	12,95	42,48	4,25	13,94	nein/no
münchen	-	-	70	130	100	138,50	1490,26	15,62	51,23	8,88	29,13	3,00	9,84	ja/yes
münchen i	26	25	32	60	50	69,00	742,44	7,78	25,52	8,88	29,13	3,00	9,84	ja/yes
münchen ii	26	25	32	60	50	69,00	742,44	7,78	25,52	8,88	29,13	3,00	9,84	ja/yes
berlin	26	25	32	60	50	71,00	763,96	8,00	26,24	8,88	29,13	3,00	9,84	ja/yes
athen	26	25	32	60	50	66,00	710,16	7,75	25,42	8,25	27,06	3,00	9,84	ja/yes
dublin	fest bestuhlt für 20 Personen mit Tafel/ furnished with a table for 20 persons					37,00	398,12	10,08	33,06	3,70	12,14	3,00	9,84	ja/yes
paris	36	30	45	70	50	79,50	855,42	11,72	38,44	6,81	22,34	3,00	9,84	ja/yes
rom	20	20	26	35		54,50	586,48	8,00	26,24	6,81	22,34	3,00	9,84	ja/yes
madrid	fest bestuhlt für 8-12 Personen mit Tafel/ furnished with a table for 8-12 persons					32,00	344,32	7,74	25,39	4,18	13,71	3,00	9,84	ja/yes
cape town	fest bestuhlt für 8-12 Personen mit Tafel/ furnished with a table for 8-12 persons					32,00	344,32	7,74	25,39	4,18	13,71	3,00	9,84	ja/yes

Quelle: Meeting Planner Guide „The Westin Grand Frankfurt"

Auch wenn in der generellen Auflistung bereits ausreichend Platz für Tagungstechnik und den eventuellen Aufbau von Kaffeepausen im Raum einkalkuliert ist, sollte bei der Wahl des Tagungsraum mit dem Kunden Rücksprache bzgl. des allgemeinen Platzbedarfs gehalten werden. Beispielsweise könnten Video-Aufnahmen oder Rollenspiele geplant sein, die weniger Sitzplätze im Raum zulassen, als veranschlagt. Eine professionelle Planung beinhaltet die Beratung des Kunden hinsichtlich der benötigten Tagungsraumgröße zugeschnitten auf seine Veranstaltungsplanung. Eventuell ist an dieser Stelle der Bankettleiter ins Kundengespräch einzubeziehen, um von seiner praktischen Erfahrung profitieren zu können. Der Unmut des Kunden über einen zu kleinen Tagungsraum, in dem sich seine Gäste „eingepfercht" vorkommen, ist leicht vorstellbar.

Neben der Kapazität ist das Zeitmanagement ein ebenso entscheidender Faktor in der erfolgreichen Umsetzung von Kundenansprüchen. Mehrere Veranstaltungen im selben Tagungsraum am selben Tag sind nur schwer planbar. Erstens ist nicht immer davon auszugehen, dass die eine Veranstaltung pünktlichst, wie geplant, zu Ende ist und zweitens darf der Zeitaufwand für Ab- bzw. Aufbau der Veranstaltungen nicht unterschätzt werden. Neben der Montage von Aufstellern, zusätzlicher Tagungstechnik und sonstigen Arbeiten von Kundenseite muss auch das Service- und Reinigungspersonal ausreichend Zeit haben, den Tagungsraum in der gewünschten Art und Weise herzurichten. In der Praxis werden hier bereits vielfach in der Software sogenannte „Set-Up-Zeiten" definiert. Das heißt, wenn ein Tagungsraum von 15:00 bis 18:00 geblockt wird, erscheint er im EDV-System automatisch von 14:00 bis 19:00 als belegt. Es wird also vorher und nachher je eine Stunde für Auf- und Abbau einkalkuliert. So wird unangenehmen Überschneidungen zuvorgekommen. Es gibt allerdings durchaus auch Veranstaltungen, die wesentlich längere Auf- und Abbauzeiten mit sich bringen – teilweise werden bei aufwändigen Produktpräsentationen der Vortag oder sogar noch weitere Tage zum Aufbau benötigt. Diese Zeiten müssen einerseits manuell geblockt und andererseits dem Kunden in Rechnung gestellt werden. Zwar findet seine Veranstaltung zu diesem Zeitpunkt noch gar nicht statt, allerdings ist der Raum nicht anderweitig zu vermieten. Vielfach wird für den Tagungsraum eine leicht reduzierte Raummiete für die Auf- und Abbauphase in Rechnung gestellt. Die Tagungstechnik sowie die kulinarische Verpflegung wird nur für den Zeitraum berechnet, in dem die Gäste tatsächlich vor Ort sind.

Für die Berechnung der voraussichtlichen Set-Up-Zeiten ist es wiederum ratsam, sich die Erfahrung des Bankettleiters zunutze zu machen und die Zeiträume mit ihm abzustimmen. Denn je unrealistischer die Zeitspannen (beispielsweise Umdecken eines Raumes von parlamentarischer Bestuhlung auf Gala für 100 Teilnehmer in 30 Minuten), desto größer der Stress, Personalbedarf und die wahrscheinliche Anzahl an Servicemängeln.

■ Zusammenfassung 6.4

- Durch den Einsatz von Yield Management wird eine optimale und nicht maximale Kapazitätsnutzung der Kombination von Hotelzimmern und Tagungsräumlichkeiten für einen maximalen wirtschaftlichen Erfolg angestrebt.

- Dabei werden einerseits Kapazitäten ggf. restriktiert, anderseits Preise entsprechend der Nachfragesituation gestaltet.

- Grundlage sind Erfahrung und Gespür des Event-Managers sowie des Reservierungsleiters gepaart mit historischen und aktuellen Marktanalysen.

- Für große Gruppenkontingente kann der Zimmerpreis teilweise höher sein als der Individual-Zimmerpreis, da entstehende Leerkapazitäten finanziell auszugleichen sind.

- Für jede angefragte Veranstaltung sollte der *Break-Even* bekannt sein und mit dem Break-Even des gesamten Hotels abgestimmt werden.

- Yield Management bedeutet strategisches Planen – der Erfolg spornt zu weiterer Professionalisierung des Systems an.

- Dumpingpreise in wirtschaftlich schweren Zeiten führen zu einem allgemeinen Preisverfall und vielfach schlechten Serviceleistungen. Langfristig drohen finanzielle Einbußen.

- Internetauktionen im MICE sind eine noch junge Entwicklung, die durchaus kritisch zu sehen ist.

- Kunden bevorzugen aufgrund der besseren Kostenkontrolle und Vergleichbarkeit alternativer Veranstaltungsangebote Tagungspauschalen.

- Eine Standard-Tagungspauschale enthält in der Regel Mieten für Tagungsraum und Standard-Tagungstechnik sowie die kulinarische Verpflegung. Weitere Leistungen werden separat berechnet.

- Trotz dem heutzutage unumgänglichen Angebot von Tagungspauschalen empfiehlt es sich, individuell zu bleiben – vielleicht durch das Angebot überraschender Elemente, die der Gast eigentlich gar nicht erwartet!

■ Tagungsräume und deren aus Teilbereichen entstehende Kombinationsmöglichkeiten müssen manuell oder EDV-gestützt professionell verwaltet werden, um Doppelbelegungen zu vermeiden.

■ Dazu gehört insbesondere die automatische Kalkulation von Set-Up-Zeiten.

■ Von entscheidender Bedeutung für die resultierende Kundenzufriedenheit ist die Beratung hinsichtlich des optimalen Tagungsraums für die vorgegebene Personenzahl, die Bestuhlungsform sowie den veranschlagten Platzbedarf.

Zusammenarbeit mit anderen Abteilungen 7

7.1 ■ Wöchentliche Event-Meetings

In auf *MICE* spezialisierten Hotels finden in aller Regel einmal wöchentlich sogenannte „Event-Meetings" statt. Um eine reibungslose und für die Mitarbeiter gut planbare Dienstplangestaltung sowie einen rechtzeitigen Wareneinkauf gewährleisten zu können, eignen sich Mittwoch bzw. Donnerstag als turnusmäßiger Besprechungstermin am besten. Teilnehmer sind standardmäßig Abteilungsleiter oder deren Stellvertreter der folgenden Abteilungen:

- ■ Reservierung

- ■ Rezeption

- ■ Housekeeping

- ■ Rooms Division Manager

- ■ Bankett-Service

- ■ Restaurant

- ■ Küche

- ■ F&B-Manager

- ■ Verkauf & Marketing

- ■ Buchhaltung

- ■ Technik

- ■ Evtl. Hoteldirektor

- ■ Und außerdem: sämtliche Event-Mitarbeiter, welche die besprochenen Veranstaltungen betreuen

Gerade in den operativen Abteilungen ist es selbstverständlich nicht immer einfach, zeitlich fixierte Meetings in den sich oft kurzfristig ändernden Tagesablauf einzubauen. Dennoch sollte vom Hotelmanagement unbedingt eine Anwesenheitspflicht unterstützt werden. Nur durch Besprechung aller Veranstaltungsdetails im Meeting können Unklarheiten direkt geklärt und spätere Rückfragen bzw. Unannehmlichkeiten für die Gäste vermieden werden.

Die Moderation des Event-Meeting übernimmt in der Regel der Event-Manager oder sein Stellvertreter.

Zu Beginn des Meetings werden Kopien der folgenden Unterlagen an die teilnehmenden Personen verteilt:

1 *Function Sheets* aller Veranstaltungen der kommenden Woche

2 Vorab-Function Sheets zukünftiger, besonders umfangreicher oder erklärungsbedürftiger Veranstaltungen

3 Aufstellung der Buchungszahlen im *Forecast vs. Budget*

4 Tages- und Wochenübersichten aller Veranstaltungsräume

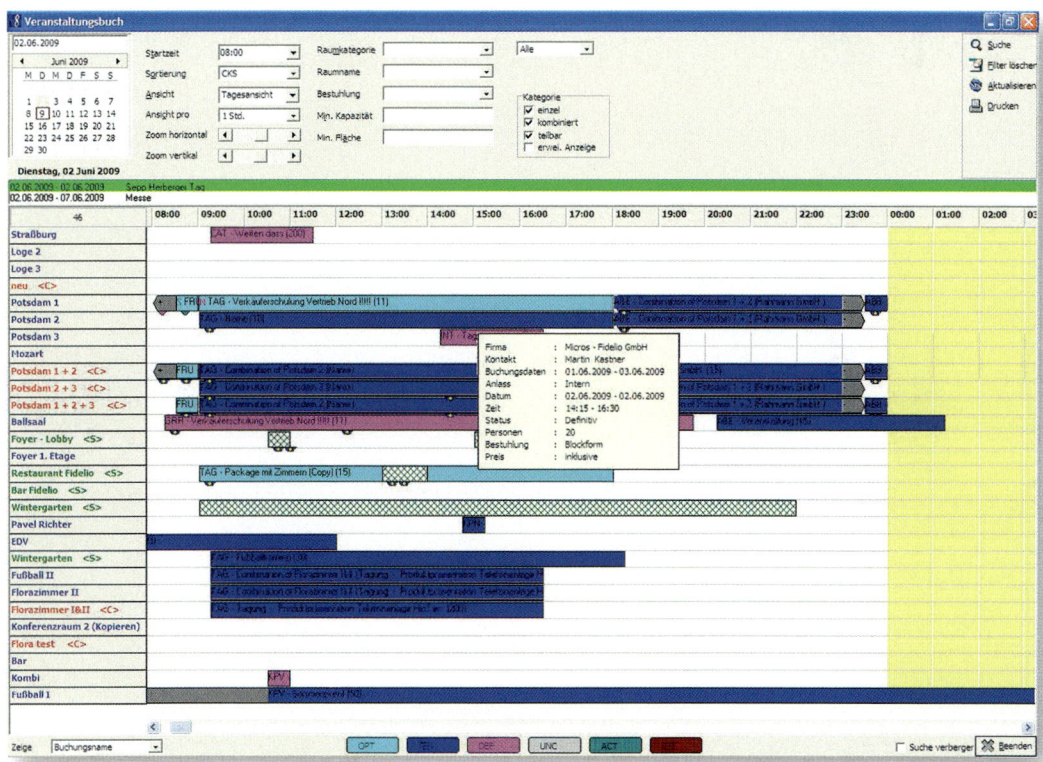

Tagesübersicht
Veranstaltungsbuch;
Micros–Fidelio GmbH,
Suite8

Die Function Sheets – nachstehend ein Praxisbeispiel – enthalten sämtliche Informationen der Event-Absprache mit dem Kunden (siehe Checkliste in Kapitel 11.2) aufbereitet für die jeweiligen Abteilungen. Basierend auf diesen Informationen erfolgen die Dienstplangestaltungen, der Wareneinkauf sowie die Arbeitsplangestaltung für die nächste Woche.

PRAXISBEISPIEL

MUSTERHOTEL
FUNCTION SHEET

Kunde:	Musterfirma	Buchungsname:	Musterfirma
Kontakt:	Herr Mustermann	Kontakt vor Ort:	Frau Musterfrau
Adresse:	Musterstraße 1	Bankettabteilung:	Nicola Zech
	10000 Musterstadt	Buchungsstatus:	DEF
Telefon:	000/00000	Cateringstatus:	DEF
Telefax:	000/0000	Vertragsnummer:	12345
CCO:			

Datum: Montag, 12. Juli 2010

Anlaß	Status	Zeit	Teilnehmer	Beschilderung
Aufbau	DEF	19:30 – 23:00	1	Musterfirma

Raum	Bestuhlung	
Meeting1	parlamentarisch	kostenlos

Interne Bemerkung

Fr. 04.06.2010 – NZ
*Es wird ein Raum mit Tageslicht gewünscht, falls wir sie in einen anderen Raum umbuchen möchten, müssen wir vorher mit Herrn Mustermann sprechen.
Do. 27.05.2010 – NZ
*Aufbau ab 19:30 erstmal OK, wir schauen kurzfristig, ob es evtl. eher möglich ist.
Mi. 12.05.2010 – NZ
*Falls der Aufbau ab 17:30 wieder gewünscht wird, bieten wir eine reduzierte Raummiete von 250 €

Master Bill
Herrn Mustermann
Musterfirma
Musterstraße 1
10000 Musterstadt

MUSTERHOTEL
FUNCTION SHEET

Kunde:	Musterfirma	Buchungsname:	Musterfirma
Kontakt:	Herr Mustermann	Kontakt vor Ort:	Frau Musterfrau
Adresse:	Musterstraße 1	Bankettabteilung:	Nicola Zech
	10000 Musterstadt	Buchungsstatus:	DEF
Telefon:	000/00000	Cateringstatus:	DEF
Telefax:	000/0000	Vertragsnummer:	12345
CCO:			

Datum: Dienstag, 13. Juli 2010

Anlaß	Status	Zeit	Teilnehmer	Beschilderung
Kaffee-Empfang	DEF	09:00 - 13:00	30	Musterfirma

Raum		Bestuhlung		
Foyer		Empfang		kostenlos

Anlaß	Status	Zeit	Teilnehmer	Beschilderung
Schulung 1	DEF	09:30 - 13:00	30	Musterfirma

Raum		Bestuhlung		
Meeting1		Parlamentarisch		kostenlos

Erwartete Anz.	Preis
30	je 49,00 €

Unsere Konferenzpauschale
Servicezeit 09:30 - 13:00
Kaffee-Empfang mit Kaffee, Tee und Gebäck
***
Unlimitiert alkoholfreie Getränke im Raum
***
Eine Kaffeepause mit Kaffee, Tee und Feingebäck vormittags
***
Quick-Snack – Wählen Sie im Vorfeld eines unserer drei
Imbissbüffets aus und genießen Sie die fingerfertigen
kulinarischen Köstlichkeiten inklusive alkoholfreier
Getränke im Foyer
***
Kaffee & Tee nach dem Imbiss im Foyer

Zusätzliche Dienstleistungen	Anzahl
Raumausstattung	
· Ablagetisch im Raum	1
· für den Beamer und Laptop des Veranstalters	

Raumaufbau	Anzahl

Buchungsname: Musterfirma
Vertragsnummer: 12345

Datum: Dienstag, 13. Juli 2010

Anlaß	Status	Zeit	Teilnehmer	Beschilderung
Schulung 1	DEF	09:30 – 13:00	30	Musterfirma

Konferenzzubehör kostenlos

· Flipchart	1	inkl. Pauschale
· Leinwand 2.5 m x 2.5 m	1	

Interne Bemerkung
Fr. 04.06.2010 – NZ
*Es wird ein Raum mit Tageslicht gewünscht, falls wir Sie in einen anderen Raum umbuchen möchten, müssen wir vorher mit Herrn Mustermann sprechen.
Fr. 07.05.2010 – NZ
*Es wird ein Raum MIT Tageslicht gewünscht, da es sich um eine Schulung für Fotokameras handelt und der Raum sollte hinsichtlich der Helligkeit für Fotoaufnahmen geeignet sein.

Anlaß	Status	Zeit	Teilnehmer
GRUPPE 1: Kaffeepause vorm.	DEF	10:30 – 11:00	30

Raum	Bestuhlung	
Foyer	zu bestimmen	kostenlos

Anlaß	Status	Zeit	Teilnehmer	Beschilderung
GRUPPE 1 & GRUPPE 2	DEF	13:00 – 13:30	60	Musterfirma

Raum	Bestuhlung	
Foyer	zu bestimmen	kostenlos

Anlaß	Status	Zeit	Teilnehmer	Beschilderung
Schulung 2	DEF	13:30 – 17:30	30	Musterfirma

Raum	Bestuhlung	
Meeting1	Parlamentarisch	kostenlos

Erwartete Anz.	Preis
30	je 45,00 €

Unsere Konferenzpauschale
Servierzeit 13:30 – 17:30
Unlimitiert alkoholfreie Getränke im Raum
***
Eine Kaffeepause mit Kaffee, Tee und Feingebäck vormittags
***
Quick-Snack – Wählen Sie im Vorfeld eines unserer drei Imbissbüffets aus und genießen Sie die fingerfertigen kulinarischen Köstlichkeiten inklusive alkoholfreier Getränke im Foyer

Buchungsname: Musterfirma
Vertragsnummer: 12345

Datum: Dienstag, 13. Juli 2010

Anlaß	Status	Zeit	Teilnehmer	Beschilderung
Schulung 2	DEF	13:30 - 17:30	30	Musterfirma

kulinarischen Köstlichkeiten inklusive alkoholfreier
Getränke im Foyer
***
Kaffee & Tee nach dem Imbiss im Foyer

Zusätzliche Dienstleistungen	Anzahl
Raumausstattung	
· Ablagetisch im Raum	1
· für den Beamer und Laptop des Veranstalters	

Raumaufbau	Anzahl	
Konferenzzubehör kostenlos		
· Flipchart	1	inkl. Pauschale
· Leinwand 2.5 m x 2.5 m	1	

Interne Bemerkung
Fr. 04.06.2010 – NZ
*Es wird ein Raum mit Tageslicht gewünscht, falls wir Sie in einen anderen Raum umbuchen
möchten, müssen wir vorher mit Herrn Mustermann sprechen.
Fr. 07.05.2010 – NZ
*Es wird ein Raum MIT Tageslicht gewünscht, da es sich um eine Schulung für Fotokameras
handelt und der Raum sollte hinsichtlich der Helligkeit für Fotoaufnahmen geeignet sein.

Anlaß	Status	Zeit	Teilnehmer	Beschilderung
GRUPPE 2	DEF	15:30 - 16:00	30	Musterfirma

Kaffeepause nachm.

Raum	Bestuhlung	
Foyer	zu bestimmen	kostenlos

Master Bill
Herrn Mustermann
Musterfirma
Musterstraße 1
10000 Musterstadt

Buchungsnotiz:
Des weiteren haben wir folgende Zimmerreservierung für Sie vorgenommen:

3 Einzelzimmer vom 12. - 14. Juli 2010

Buchungsname: Musterfirma
Vertragsnummer: 12345

Datum: Dienstag, 13. Juli 2010

zum SONDERPREIS von € 119.00 pro Einzelzimmer/Übernachtung inklusive der Teilnahme an unserem reichhaltigen Frühstücksbüffet.

Bitte teilen Sie uns vor Anreise mit, ob die Kosten für Übernachtung und Frühstück von Ihnen übernommen werden.

* **10 % Off Promotion auf Ihr ganzes Event!!**
- **Buchen Sie Ihre Veranstaltung für das Jahr 2010 und erhalten Sie eine Reduktion von 10 % auf die Gesamtrechnung.**
- **Dieser Preisnachlass gilt auf die Zimmerraten, alle Bankettleistungen und die Miete der Veranstaltungsräume.**

... **eben 10 % Rabatt auf die Gesamtrechnung!!**

- **Dieses Angebot ist gültig auf Anfrage und nach Verfügbarkeit ab einer Anzahl von 10 Personen (außerhalb von Messezeiten): Bitte haben Sie Verständnis, dass bereits gebuchte Veranstaltungen nicht rückwirkend berücksichtigt werden können.**

Sollten Veranstaltungen zum Zeitpunkt des Meetings noch nicht bestätigt oder aber sogar noch gar nicht angefragt sein, so werden die entsprechenden bestätigten Function Sheets baldmöglichst nachgereicht. Um sie deutlich kenntlich und als besonders wichtig zu gestalten, erfolgt der Ausdruck häufig auf einem festgelegten farblichen Papier. Dasselbe gilt für Function Sheets, die aufgrund kurzfristiger Änderungen von Veranstaltungsdetails (beispielsweise Zeiten, Personenzahl, zusätzliche technische Ausstattung) erneut verteilt werden müssen. Für die operativen Abteilungen gilt es dabei sicher zu stellen, dass immer mit der neuesten Version eines Function Sheets gearbeitet wird.

Die Vorab-Function Sheets werden in der Regel dann verteilt, wenn außergewöhnliche Kundenansprüche (z. B. hinsichtlich der Raumdekoration bei Gala-Veranstaltungen) vorliegen, die einer längerfristigen Personal- oder Einkaufsplanung bedürfen. Selbstverständlich handelt es sich in diesem Fall noch nicht um fertig ausgearbeitete Function Sheets, sondern vielmehr um grobe Gerüste, welche die wichtigsten Informationen für die relevanten Abteilungen zusammenfassen.

Die Aufstellung der Buchungszahlen Forecast vs. Budget sieht wie folgt aus. Der Verkaufs-/Marketingleiter erstellt für jedes Betriebsjahr in Zusammenarbeit mit dem *Controller* ein Jahresbudget, das auf die einzelnen Monate und ggf. sogar auf die einzelnen Tage herunter gebrochen wird. Dabei werden Vergleichswerte aus vergangenen Betriebsjahren, Erfahrungswerte und allgemeine Zukunftsperspektiven berücksichtigt. Unterteilt werden die vorgesehenen Umsätze in verschiedene Kategorien, je nach Hotelart und -ausstattung. Beispiele sind Zimmerumsatz, Tagungsumsatz, sonstiger F&B-Umsatz sowie weitere Stellen wie Telekommunikation, Wäscherei oder Wellness-Bereich. Detailliert für den laufenden sowie für den nachfolgenden Monat werden die bereits fest gebuchten Veranstaltungen, die angefragten, aber noch nicht bestätigten Veranstaltungen (Gewichtung je nach Wahrscheinlichkeit der Buchungsbestätigung) und die Budgetzahlen einander gegenüber gestellt. Für weitere Monate erfolgt ggf. eine grobe Übersicht. Diese könnte beispielsweise für langfristige Planungen – evtl. für Urlaubssperre zu bestimmten Terminen, an denen bereits Großveranstaltungen fest gebucht wurden – hilfreich sein. Nachstehend eine beispielhafte Aufstellung der Buchungszahlen Forecast versus Budget, wie sie im Event-Meeting präsentiert wird:

Musterhotel – Event-Forecast								Monat Juni
		Bankett				Zimmer		
		Forecast				Forecast		
Wochentag	Datum	DEF	TEN	Budget		DEF	TEN	Budget
Montag	1	800	300	1.000		80	5	90
Dienstag	2	2.500	0	1.000		105	0	100
Mittwoch	3	2.400	0	2.000		105	0	100
Donnerstag	4	1.500	500	2.000		90	10	100
Freitag	5	500	500	1.000		80	10	90
Samstag	6	400	500	500		65	10	80
Sonntag	7	400	0	500		65	0	80
Montag	8	500	0	1.000		70	0	90
Dienstag	9	500	200	2.000		70	10	100
Mittwoch	10	800	300	2.000		70	15	100
Donnerstag	11	800	300	2.000		75	15	100
Freitag	12	1.200	200	1.000		85	10	90
Samstag	13	400	200	500		70	10	80
Sonntag	14	300	0	500		65	0	80
Montag	15	900	0	1.000		70	0	90
Dienstag	16	2.500	200	2.000		105	5	100
Mittwoch	17	2.500	200	2.000		105	5	100
Donnerstag	18	2.000	200	2.000		105	5	100
Freitag	19	1.500	0	1.000		90	0	90
Samstag	20	500	0	500		70	0	80
Sonntag	21	400	0	500		60	0	80
Montag	22	800	200	1.000		80	15	90
Dienstag	23	1.000	500	2.000		80	20	100
Mittwoch	24	1.500	500	2.000		90	20	100
Donnerstag	25	1.800	300	2.000		90	20	100
Freitag	26	1.200	200	1.000		85	10	90
Samstag	27	300	0	500		65	0	80
Sonntag	28	300	100	500		65	5	80
Montag	29	800	400	1.000		70	20	90
Dienstag	30	1.200	400	2.000		85	25	100

Erläuterung der Grafik: Während im Bankett-Bereich zumeist Umsätze als Vergleichsgröße angegeben werden, rechnet man im Zimmer-Bereich mit verkauften Zimmern, ohne den Umsatz je Zimmer direkt anzugeben. Bei den Zimmern werden Individualbuchungen denen, die im Zusammenhang mit Veranstaltungen gebucht wurden, zugerechnet.

Im Beispiel wurde davon ausgegangen, dass der Veranstaltungsumsatz im einem Tagungs-hotel am Wochenende generell niedriger sein wird, die Umsatzspitzen liegen zwischen Dienstag und Donnerstag. Sondertermine wie Messen einerseits oder Feiertage anderer-seits wurden hier außer Acht gelassen.

Es ist ganz klar ersichtlich, dass sich die tatsächlichen Buchungen nur bedingt an das Budget halten. Wichtig ist dabei im ersten Schritt, dass sich die Über- und Unterschreitungen des Budgets im Gesamtmonat ausgleichen werden. Bei der Besprechung im Event-Meeting, werden die als TEN ausgewiesenen Zahlen besprochen, d. h. die Wahrscheinlichkeit ein-geschätzt, mit der die Anfragen zu festen Buchungen werden könnten. Dabei spielen die Erfahrung des Event-Managers sowie dessen persönlicher Kontakt zum Kunden eine große Rolle. Diese grobe Vorgabe kann bei der vorausschauenden Personalplanung in den opera-tiven Abteilungen von Bedeutung sein. Zu besonders buchungsschwachen Zeiten können gemeinsam mit der Verkaufs- und Marketingabteilung proaktive Aktionen überlegt werden, um den Umsatz vielleicht auch kurzfristig noch ankurbeln zu können.

Je weiter das Datum entfernt, desto niedriger ist zwar in der Regel der fest gebuchte Umsatz, aber desto größer ist die Wahrscheinlichkeit, dass noch zusätzliche Veranstaltungsan-fragen eingehen werden.

Auf den exakten Ablauf der Zusammenarbeit mit den einzelnen Abteilungen sowie auf die dabei häufig auftretenden kritischen Punkte wird in den folgenden Kapiteln eingegangen.

WICHTIG

■ Im wöchentlichen Event-Meeting werden sämtliche beteiligten Abteilungen über die Details der anstehenden Veranstaltungen informiert.

■ Das aktualisierte Function Sheet dient als Zusammenfassung aller relevanten Informationen und Arbeitsanweisungen an die operativen Abteilungen.

■ Reservierung 7.2

Die Zusammenarbeit mit der Reservierungsabteilung wurde zum Thema Preisgestaltung und Reservierungssteuerung bereits ausführlich im Kapitel 6.1 „Yield Management" besprochen.

Konfliktpotenzial besteht insbesondere in der Gestaltung der sogenannten *Ceiling*. Hierbei wird festgelegt, ob von Seiten der Event-Abteilung für jede Buchungsanfrage des entsprechenden Zimmerkontingents Rücksprache mit der Reservierungsabteilung gehalten werden muss. Alternativ könnte nämlich für jeden Tag im Voraus ein Zimmerkontingent (die Ceiling) definiert werden, über das die Event-Abteilung ohne Rücksprache verfügen kann. In diesem Fall müssten dann nur noch Anfragen, die eine höhere Zimmeranzahl umfassen, separat abgeklärt werden. Des Weiteren ist allerdings auch in diesem Fall eine regelmäßige Abstimmung beider Abteilungen ratsam, um zu vermeiden, dass in der Ceiling noch unverkaufte Zimmer übrig sind, die Reservierungsabteilung gleichzeitig aber Individualanfragen ablehnt, da im allgemeinen Kontingent keine Zimmer mehr zur Verfügung stehen.

Ein weiterer Punkt der Zusammenarbeit von Event-Management und Reservierung ist die Personifizierung von Reservierungen. Wie unter Kapitel 4.6 beschrieben, werden gebuchten *Rooms Grids* mit Erhalt der Namensliste Personen zugeordnet und die Reservierungen entsprechend individuell angepasst. In vielen Hotels wird diese Aufgabe von der Reservierung übernommen. So kann der nun angepasste Rooms Grid mit den Individualreservierungen abgeglichen werden und es entsteht eine aktuelle Übersicht der noch verkaufbaren Zimmer.

■ Front Office 7.3

Für die Mitarbeiter und insbesondere die Schichtleiter am *Front Office* ist die gewissenhafte wie detaillierte Vorbereitung des Function Sheets von besonderer Bedeutung. Da die Rezeption als „Herz" und gleichzeitig Schaltzentrale des operativen Hotelbetriebs zu sehen ist, ist das Vorliegen sämtlicher Gruppen- und Eventinformationen in strukturierter Form essentiell wichtig. Zudem stehen die Mitarbeiter hier in direktem Gästekontakt und sind deren erste Ansprechpartner bei Fragen. Dabei sollten umfangreiche Veranstaltungsinformationen im Function Sheet basierend auf der „Event-Absprache" (vgl. Kapitel 11.2) insbesondere deshalb vorliegen, da die Rezeption als einzige Abteilung rund um die Uhr besetzt ist. Gästefragen und Unklarheiten können durchaus zu Zeiten auftauchen, zu denen kein kompetenter Ansprechpartner im Event-Management erreichbar ist – beispielsweise abends oder am Wochenende. Daher sollten die Empfangsmitarbeiter auch ohne Rücksprache in der Lage sein, dem Gast eine kompetente Auskunft erteilen zu können. Dafür sind 3 Faktoren von grundlegender Bedeutung:

1 Zuverlässige Teilnahme des Empfangschefs oder seines Stellvertreters am wöchentlichen Eventmeeting – Markierung/Hervorhebung der wichtigsten Informationen auf dem jeweiligen Function Sheet

2 Weitergabe aller relevanten Informationen an sämtliche Teammitglieder am Empfang – z.B. im Rahmen der Schichtübergabe

3 Übersichtliche Ablage der Function Sheets – zur schnellen Auffindbarkeit bei Fragen

Im Überblick sind die folgenden Punkte für die Arbeitsplanung an der Rezeption von Relevanz:

■ Information, ob die Teilnehmer als Gruppe oder individuell anreisen: bei Gruppenanreisen mit größerer Anzahl empfiehlt sich ein separater Check-In-Bereich abseits der Rezeption, um dort einen kontinuierlichen, ruhigen Arbeitsablauf gewährleisten zu können; individuelle Anreisen werden gleich wie sonstige Individualgäste behandelt

■ Voraussichtliche An- und Abreisezeiten: ist eine sehr frühe Anreise geplant, kann wohl die Bereitstellung der Zimmer nicht garantiert werden – es muss für eine kostenfreie Gepäckaufbewahrung bis zum Zimmerbezug gesorgt werden; dasselbe gilt bei geplanter, später Abreise; um einen frühen Zimmerbezug zu ermöglichen, sollten Zimmer vorgeblockt werden, die in der Nacht zuvor nicht oder von früh abreisenden Gästen belegt waren

■ Informationen zu den Zahlungsmodalitäten: gehen die Veranstaltungskosten zu Lasten einer Gesamtrechnung, ist der Zimmerschlüssel ohne weitere Zahlungsgarantie auszugeben – beschleunigtes Check-In-Verfahren; sind die Gäste jedoch Selbstzahler, so ist wie bei Individualgästen ein Deposit oder ein Kreditkartenabzug als Zahlungsgarantie zu hinterlegen

■ *VIP-Status* einzelner Teilnehmer oder des Referenten: erhalten einer oder mehrere Tagungsteilnehmer aus Buchungs- oder Kulanzgründen einen VIP-Status, so ist dies in dessen Profil zu vermerken – hier sind in der Regel besonders schöne Zimmer oder gar Suiten vorzublocken und die Information zu VIP-Geschenken aufs Zimmer (z. B. Pralinen, Obstkorb, Champagner, regionale Präsente) an die entsprechenden Abteilungen (Küche, Housekeeping) rechtzeitig weiterzuleiten

■ Informationen zum Rahmenprogramm, insbesondere auch, falls dies außerhalb des Hotels stattfindet: Gäste fragen häufig an der Rezeption, wann und wo genau das Rahmenprogramm (z. B. Stadtrundfahrt, Abendessen, Theaterbesuch etc.) stattfindet; auch wenn diese Programmpunkte nicht über das Hotel organisiert oder abgerechnet werden, ist es hilfreich, wenn Ort- und Zeitangabe vorliegen und dem Gast weitergegeben werden können

■ Housekeeping 7.4

Analog zum vorangegangenen Kapitel sind auch für das Housekeeping An- und Abreisezeiten und eventueller VIP-Status einzelner Veranstaltungsteilnehmer grundlegend für die Arbeits- und Personalplanung. Im ungünstigsten Fall reisen sämtliche Veranstaltungsteilnehmer am frühen Morgen vor Tagungsbeginn an und erwarten, ihr Zimmer bereits beziehen und sich somit nach der Anreise frisch machen zu können. Zu Konflikten führt dies, wenn das Hotel in der Nacht zuvor weitestgehend ausgebucht war. Da in den meisten Hotels die ausgeschriebene Abreisezeit zwischen 11 und 12 Uhr liegt, wird es kaum möglich sein – unter Berücksichtigung der Reinigungszeit –, eine ausreichende Anzahl an bezugsfertigen Zimmern bereits am frühen Morgen zur Verfügung zu stellen. Dasselbe gilt selbstverständlich für den umgekehrten Fall, dass die Tagungsteilnehmer ihr Zimmer gerne erst nach Veranstaltungsende am späten Nachmittag räumen möchten, generell aber das Hotel eine Anreisezeit zwischen 14 und 16 Uhr ausschreibt. Die Hausdame muss also in jedem Fall, um das Konfliktpotenzial möglichst gering zu halten, die Personalplanung den Kundenwünschen – sofern realisierbar – entsprechend anpassen. D. h. zusätzliche Frühschichten bei geplanter Frühanreise und zusätzliche Spätschichten bei geplanter Spätabreise. Da dies mit dem eigenen Personalstamm nicht immer machbar bzw. mit den üblichen Dienstplänen kaum vereinbar ist und somit Zusatzkosten für Fremdpersonal entstehen könnten, entstehen hier regelmäßig Reibungspunkte zwischen Event-Management und Housekeeping.

Der Event-Manager durchläuft hier immer wieder ein besonderes Dilemma. Einerseits fordert die Hausdame unter Berücksichtigung ihrer Personal- und Kostenplanung die Einhaltung der standardmäßigen An- und Abreisezeiten – auch für Gruppen. Des Weiteren wird sie zumeist darauf plädieren, bei besonders früh geplanten An- oder spät geplanten

Abreisen, die jeweils vorangegangene bzw. folgende Nacht dem Gast in Rechnung zu stellen. Denn nur dann, wenn der Kunde die zusätzliche Nacht bezahlt, das Zimmer aber nicht genutzt wird, sind die Kundenwünsche hinsichtlich seiner Zeitplanung auch problemlos umzusetzen. Andererseits wird in der Realität kaum ein Kunde ohne Weiteres zur Übernahme dieser zusätzlichen (und außerdem nicht genutzten) Zimmerkosten bereit sein. Eventuell wird er sogar so weit gehen, seine Vertragsunterschrift von der Zusage der An- und Abreisezeiten abhängig zu machen. Nun steht der Event-Manager unter Druck: Oberstes Ziel ist es, unterschriebene Veranstaltungsverträge und somit Umsatz für das gesamte Hotel fixieren zu können. Andererseits darf dies keinesfalls zu Lasten anderer Abteilungen gehen, so dass diese in akute Leistungsschwierigkeiten kommen. Des Weiteren ist bei langfristiger Veranstaltungsplanung evtl. das sonstige Hotelgeschäft noch nicht wirklich einzuschätzen. Der Event-Manager kann also nicht zuverlässig davon ausgehen, dass genügend saubere Zimmer zur Verfügung stehen könnten.

Eine in der Praxis häufig zu beobachtende Kompromisslösung ist die Zusage der Zimmer zu den gewünschten Zeiten unter Vorbehalt. D. h. Zeiten werden nicht garantiert, es können also je nach aktueller Buchungslage, sämtliche oder eben nur einen Teil der gebuchten Zimmer zur Verfügung gestellt werden. Selbstverständlich wird aber auch dabei jede Anstrengung unternommen werden, so viele Zimmer wie möglich bereitzustellen. Dies wird mittels eines ständig aktualisierten Hausstatus im EDV-System an die Kollegen am Front Office kommuniziert.

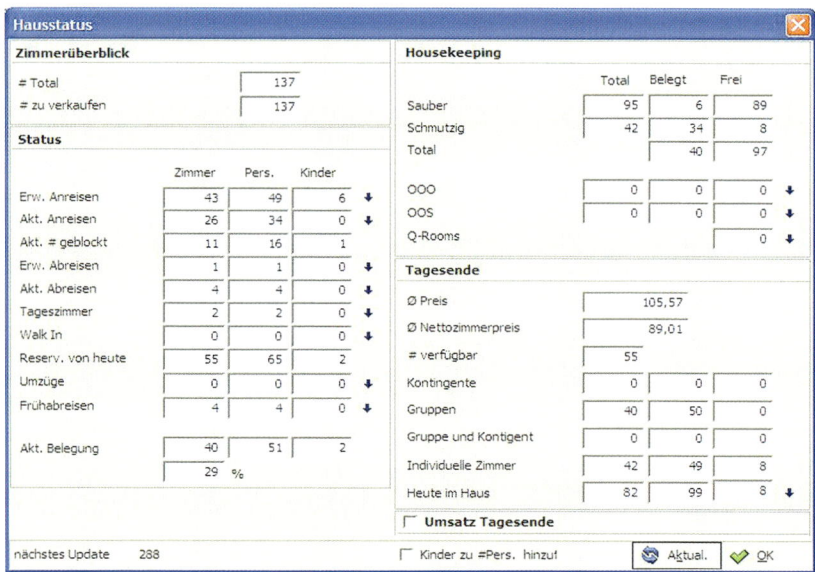

Hausstatus;
Micros-Fidelio GmbH,
Suite8

Kommt es zu einer Zusage ohne Garantie, so ist dies unmissverständlich mit dem Kunden zu kommunizieren. Denn auch dieser will selbstverständlich seinen Tagungsteilnehmern den Komfort eines verlängerten Zimmeraufenthaltes bieten und kann durchaus dazu übergehen, ihnen die An- und Abreisezeiten als bestätigt in den Veranstaltungsunterlagen mitzuteilen. Reist also nun der Tagungsgast bereits um 7.30 Uhr an, um sich vor Tagungsbeginn um 8.30 Uhr in seinem Zimmer frisch machen und umziehen zu können, so ist der Unmut vorstellbar, der aufkommt, wenn ihm an der Rezeption mitgeteilt wird, dass sein Zimmer vor der üblichen Anreisezeit um 15 Uhr nicht bezugsfertig sein wird. Dabei wird der Gast wenig Verständnis dafür haben, ob eine andere Personalplanung unmöglich ist oder aber das Hotel in der Nacht zuvor zu 100 % ausgebucht war. So müssen also leider immer wieder die Empfangsmitarbeiter dem Ärger der Gäste entgegenhalten, obwohl sie an der entstandenen Situation weder schuld sind, noch direkte Abhilfe leisten können.

■ Bankettbereich 7.5

Für den Bankettleiter und dessen Team sind sämtliche Informationen des Function Sheets hinsichtlich des Veranstaltungsablaufs – egal, ob es sich um eine Tagung, einen Galaabend oder eine Produktpräsentation handelt – als direkte Arbeitsanweisungen zu sehen. Daher wird der Bankettleiter sinnvollerweise bereits im Vorfeld in umfangreichere Kundenabsprachen und die Gestaltung des Function Sheets, soweit praktikabel, eingebunden. Sollte es ein wie in Kapitel 4.7 ausführlich beschriebenes „Pre-Con-Meeting" geben, so sollte er selbstverständlich auch daran teilnehmen. In größeren Hotels kann diese Aufgabe vom F&B-Manager übernommen werden.

Reibungspunkte in der Zusammenarbeit können in diesem Fall zwischen den Abteilungen insbesondere hinsichtlich der folgenden Aspekte entstehen:

1 Das Function Sheet enthält ungenaue oder unvollständige Informationen zum Veranstaltungsablauf. Sollten diese auch dem Event-Management selbst nicht in besserer Qualität vorliegen, ist in diesem Fall dem Bankettleiter zu raten, den Kunden direkt noch einmal kontaktieren, da eine Absprache mit dem Ansprechpartner vor Ort direkt vor Veranstaltungsbeginn zu kurzfristig sein kann.

2 Andererseits aber hat sich der Bankettleiter unbedingt an die Vorgaben des Function Sheets zu halten. Absprachen bzgl. zeitlichem Ablauf, Dekorationen, kulinarischem Angebot oder aber auch abrechnungstechnische Details (z. B. Angabe der unterschriftsberechtigten Personen) sind für den Kunden als verbindlich anzusehen. Wird nun beispielsweise eine Rechnung von einer nicht laut Function Sheet autorisierten Person unterzeichnet, kann es passieren, dass der Kunde die Rechnungslegung nicht akzeptiert.

3 Bei Zusagen bzgl. Raumbelegungen, Set-Up-Zeiten oder sonstiger Serviceleistungen steht der Event-Manager häufig vor demselben Dilemma wie bei der Garantie früher An- oder später Abreisen (vgl. Kapitel 7.4). Der Kunde drängt auf garantierte Leistungszusagen und ist evtl. ohne deren Vorlage nicht zur Vertragsunterschrift bereit, der Bankettleiter wiederum will verständlicherweise nur solche Leistungen garantieren, die hinsichtlich der zu erbringenden Servicequalität kein Risiko für ihn darstellen.

4 Für die in Kapitel 6.2. beschriebene Kalkulation von Tagungspauschalen ist die Mitarbeit des Bankettleiters unabdingbar. Ihm liegen sämtliche Wareneinsatz- und Anschaffungskosten vor, auf deren Basis die Verkaufspreise gestaltet werden.

5 Werden Veranstaltungen angefragt, die über das standardmäßige Serviceangebot und somit die katalogisierten Preise hinausgehen, ist eventuell für eine individuelle Preiskalkulation die unterstützende Mitarbeit des Bankettleiters gefragt. Nur er kann Dekorationskosten, zusätzlichen Personalaufwand oder sonstige Mehrkosten einschätzen. In den besonders stressigen Arbeitsalltag des Bankettleiters sind solche Kalkulationen selbstverständlich nur schwer zu integrieren. Andererseits drängt der Event-Manager – meist getrieben von mehrmaligen Nachfragen des Kunden – auf die Zahlen, um ein vollständiges Veranstaltungsangebot erstellen zu können.

Naturgemäß sollte der Kontakt zwischen Event-Manager und Bankettleiter sehr eng sein und der Informationsaustausch auf regelmäßiger Basis stattfinden. Beide bilden den Kern des Erfolgsteams, das für erfolgreiche – besser noch begeisternde! – Veranstaltungen im Hotel sorgt!

WICHTIG

Der Bankettleiter muss den Spagat zwischen Kundenwünschen und Realisierbarkeit im Sinne von garantierter Servicequalität schaffen.
Eine enge und vertrauensvolle Zusammenarbeit mit dem Event-Manager ist dabei unabdingbar. Das Function Sheet wandelt die Absprachen in konkrete Arbeitsanweisungen um.

■ Restaurant 7.6

Hotelrestaurants erreichen – als isolierte *F&B-Outlets* betrachtet – meist nur mühsam die Gewinnzone. Das À-la-carte-Geschäft läuft je nach Lage des Hotels oft schleppend bis unprofitabel. Allerdings muss die Leistungsbereitschaft auch bei schwacher Auslastung gegeben sein und die Leerkosten sind entsprechend hoch. Da kommt das durch Veranstaltungen generierte Zusatzgeschäft überaus gelegen. Tagungsgäste füllen das kaum besuchte Restaurant zur Mittagszeit und die Verweildauer der Gäste ist aufgrund des straffen Zeitplans gering. Das Bankett-Volumen-Geschäft stellt also für viele Hotelrestaurants zwar nicht das eigentliche Kerngeschäft dar, ist aber rein finanziell gesehen unerlässlich. Ein weiterer Aspekt ist das potenzielle Folgegeschäft. Handelt es sich um eine Tagung mit lokalen oder regionalen Teilnehmern, kann das Restaurant sich selbst und seine eventuellen Promotions (Brunch, Themenbüfett o. Ä.) empfehlen. Idealerweise lässt sich der Tagungsteilnehmer zu einem zeitnahen privaten Restaurantbesuch mit seiner Familie animieren.

Um den Gästen ein während des gesamten Hotelaufenthaltes gleichbleibend hohes Serviceniveau bieten zu können, ist auch die Serviceleistung im Hotelrestaurant beim Gruppenfrühstück, zum Mittag- oder Abendessen in derselben Qualität zu erbringen, wie dies bei Individualgästen der Fall wäre. Dies zeigt sich bei der Tischdekoration, bei der Freundlichkeit und Kompetenz des Personals oder beispielsweise auch beim Weinservice. Zu keiner Zeit darf einem Tagungsgast das Gefühl vermittelt werden, dass er aufgrund der Verrechnung seines Essens bzw. seiner Getränke mit einer Tagungspauschale dem Hotelrestaurant „weniger wert" ist, als ein anderer Gast.

Vergleichbar zur Bankettabteilung stellt auch für das Hotelrestaurant das Function Sheet eine direkte Arbeitseinweisung dar. Hier werden neben dem Tischplan (in dem z. B. auch Gäste markiert sind, die besondere Essenswünsche haben und ein vom Standardmenü abweichendes Essen erhalten werden), der vom Kunden gewünschten Tischdekoration sowie den Angaben zum Serviceablauf auch die exakten Servicezeiten vorgegeben. Da sich aber Vorträge, Diskussionen, Workshops oder auch Referenten selbst nicht immer an den Zeitplan halten, kann es durchaus passieren, dass die Gäste nicht zur vereinbarten Zeit zum Mittagessen erscheinen, sondern möglicherweise bis zu einer halben Stunde früher oder auch später. Um dadurch entstehende Hektik oder Unmut sowohl im Restaurant als auch in der Küche zu vermeiden, sollte der Bankettleiter in stetigem Kontakt zum Restaurantleiter stehen. Sobald also der Bankettleiter Anzeichen von Zeitenänderungen mitbekommt oder vom Referenten erfährt, sind diese unverzüglich an das Restaurant weiter zu leiten. So ist dem Team dort die Chance gegeben, sich auf die Änderungen einzustellen und dennoch einen ausgezeichneten Service bieten zu können.

7.7 ■ Küche

Bereits bei der allgemeinen Preiskalkulation (siehe Kapitel 6.2) sowie bei der Erstellung von Präsentationsmappen (siehe Kapitel 5.1) ist der Einsatz des Küchenchefs gefragt. Aus seiner Kreation entstehen Menüvorschläge, Themen für Kaffeepausen und Büfettideen. Die dazugehörigen Preise basieren auf seiner Wareneinsatzkalkulation. Grundlegend sollte dieser Angebotsrahmen, in dem sich der Event-Manager bei seinen Kundengesprächen ohne Rückfrage bewegen kann, einmal festgelegt werden. Das bedeutet aber nicht, dass es nicht doch ratsam wäre, regelmäßig die Kalkulationen sowie die Aktualität des Angebotes zu überprüfen und gegebenenfalls dem Markt anzupassen.

Im Rahmen von Tagungspauschalen bleibt dem Küchenchef meist ein Spielraum in puncto Wareneinsatz. Die Gäste erhalten den Wortlaut des Mittags-Menüs bzw. die Bestückung der Kaffeepausen erst vor Ort. Somit kann relativ kurzfristig auf aktuelle Marktangebote reagiert und bevorzugt Saisonware eingekauft werden. Sind mehrere Veranstaltungen am selben Tag geplant – ob mit oder ohne Tagungspauschale – wird es hinsichtlich der Wareneinsatzkosten das Bestreben des Küchenchefs sein, gleiche oder zumindest ähnliche Speisenfolgen zu verkaufen.

Bei komplexeren Veranstaltungen, die mindestens eine oder zwei Mahlzeiten für größere Gruppen enthalten, ist es ratsam, den Küchenchef bereits in die Kundenabsprachen – spätestens beim Pre-Con-Meeting – einzubinden. Insbesondere bei Hochzeiten oder Gala-Veranstaltungen ist sogar ein Probeessen für eine mit dem Kunden abzustimmende Gästeanzahl üblich. Da hier häufig individuelle Menüfolgen gewünscht werden, sind ohnehin die Menüvorschläge und zugehörigen Kalkulationen vom Küchenchef zu erbringen. Auch hier gilt, der Event-Manager darf dem Kunden keine Serviceversprechen geben, die nicht von der entsprechenden Abteilung abgesegnet wurden. Dabei wird in vielen Fällen vom Küchenchef eine Mindest-Personenzahl vorgegeben, ab der ein angegebener Menüpreis kalkulatorisch erst möglich ist. Für den Event-Manager bedeutet dies wiederum, bereits im Angebot bzw. weiterführend im Veranstaltungsvertrag ausdrücklich auf diese Garantiezahl hinzuweisen. Ebenso ist dann im Function Sheet darauf zu achten, dass diese Personenzahl nicht unterschritten wird.

Ein weiterer Punkt, der unbedingt vom Event-Manager mit dem Kunden im Vorfeld abzuklären und im Function Sheet anzugeben ist, sind besondere Essenswünsche der Gäste. Die können beispielsweise vegetarischer Natur sein, oder aber schlicht darin bestehen, dass in der Menüfolge kein Lammfleisch, kein Fisch o. ä. enthalten sein darf. Wurde dies explizit im Function Sheet angegeben, so muss der Küchenchef für diese Gästeanzahl –

in der Regel ohne Aufpreis – eine alternative Speisenfolge wählen. Problematisch wird es natürlich – und das stellt die Realität dar – wenn der Kunde die Tagungsgäste vorher nicht nach ihren speziellen Essenswünschen fragen will oder kann und diese somit erst kurzfristig vor Ort geäußert werden. Dann ist die Flexibilität der Küche gefragt...

■ Sales & Marketing   7.8

Bereits an mehreren Stellen in vorangegangenen Kapiteln wurde darauf eingegangen, wie wichtig eine gute Kommunikation im Rahmen der Zusammenarbeit von Event-Management und *Sales & Marketing* ist. Arbeiten beide Hand in Hand, kann dem Kunden ein erfolgreiches, in sich stimmiges Gesamtkonzept des Hotels präsentiert werden. Elemente dieses Gesamtkonzeptes können sein:

- Informationsmaterialien, insbesondere die Präsentationsmappe
- Informationen auf der hoteleigenen Homepage
- Listung in fremden Netzwerken bzw. bei Absatzmittlern
- Printwerbung
- Mailings
- Sonstige Marketingaktivitäten

Neben dem in sich geschlossenen Erscheinungsbild nach außen ist der Ersparnisfaktor von Zeit und Kosten bei der Gestaltung und Umsetzung ein wichtiger Aspekt.

Erster Schritt in der Gestaltung der gemeinsamen Sales- & Marketingaktivitäten sollte eine Abstimmung der jeweiligen *Zielgruppen* sein. Sicherlich werden im *MICE* größtenteils dieselben Zielgruppen angesprochen werden wie für das Hotel allgemein. Teilweise mag es aber doch ganz spezielle Kunden geben, die sich ausschließlich für den MICE-Bereich interessieren. Für alle anderen gilt, Kontaktinformationen müssen so gespeichert werden (möglichst in der Hotel-Software), dass sie beiden Abteilungen zugänglich sind und Kundenabsprachen/-termine ersichtlich sind. Dadurch sollen doppelte Kundenkontakte desselben Hotels innerhalb kurzer Zeit vermieden werden.

Da in der Praxis zumeist die Verkaufsmitarbeiter den ersten Kontakt zum Kunden herstellen und somit die grundlegende Information über die Hotelleistungen übernehmen, ist eine intensive Schulung empfehlenswert. Dies geschieht neben der Bereitstellung und Erläuterung sämtlicher Informationsmaterialen insbesondere durch *Cross Trainings*. Die Verkaufsmitarbeiter sollten nach einem vorgegebenen Trainingsplan an mehreren Tagen sowohl die Positionen im Event-Management im Arbeitsalltag begleiten, als auch aktiv im Bankettbereich eingesetzt werden. Erst durch die Selbsterfahrung schärft sich der Blick für machbare und perfekt geplante Veranstaltungen. Dies kann dann idealerweise später im Kundengespräch derart eingesetzt werden, dass Veranstaltungen von Anfang an professionell verkauft und effektvoll inszeniert werden. Je tiefgründiger die Produktkenntnis des Verkäufers, desto besser können die *USPs* herausgestellt und eventuelle Zusatzleistungen angeboten werden. Ist bereits vor dem Kundengespräch bekannt, dass sich der Kunde insbesondere für den MICE-Bereich des Hotels interessieren wird, so ist es ratsam, den Event-Manager und somit seine Fachkenntnis in das Gespräch mit einzubinden.

7.9 ■ Buchhaltung

Die Buchhaltung, die eigentlich vom Hotelgast während seines Aufenthaltes selbst nicht oder kaum wahrgenommen wird, spielt beim Veranstaltungsmanagement eine wichtige Rolle von der Anfrage bis zur Abrechnung nach Veranstaltungsende. Bereits grundlegend werden gemeinsam vom Event-Manager und dem *Controller* die allgemeinen Zahlungs- und Stornierungsbedingungen festgelegt. In konkreten Buchungen wird die Buchhaltung klassischerweise in den folgenden Punkten eingebunden:

- ■ Erstellung einer *Proforma-Rechnung*
- ■ Überwachung des Zahlungseingangs des *Deposits*
- ■ Einholen einer Zahlungsgarantie über den Restbetrag (z. B. Firmenkreditkarte)
- ■ Erstellung der Abschlussrechnung aus den Rechnungsbelegen der einzelnen Abteilungen
- ■ Überwachung des Zahlungseingangs der Restzahlung

Des Weiteren sind eventuell vom Kunden gewünschte oder vorgegebene abweichende Zahlungs- und Stornierungsbedingungen vom Controller prüfen und absegnen zu lassen.

Eine kommunikative sowie reibungslose Zusammenarbeit mit den anderen Abteilungen ist für die Buchhaltung im Rahmen einer korrekten und v. a. zeitnahen Rechnungserstellung von Nöten. In der Buchhaltung laufen die Rechnungskopien der einzelnen Abteilungen zusammen, werden nach ihrem Inhalt kontrolliert, mit den Informationen auf dem Function Sheet abgeglichen und die Korrektheit der Kundenunterschrift überprüft. In der Folge wird die fertige und vom Event-Manager abgesegnete Rechnung an den Kunden verschickt. Die folgende Grafik zeigt, dass mittlerweile – insbesondere durch die verbesserte Hotelkommunikation mit Hotel-Software – die Rechnungsbeanstandungen durch die Kunden deutlich gesunken sind.

Aufwand der Rechnungsprüfung

Wie hoch ist der Aufwand der

Rechnungsprüfung auf Veranstalterseite?

Rechnungs-

beanstandungen:

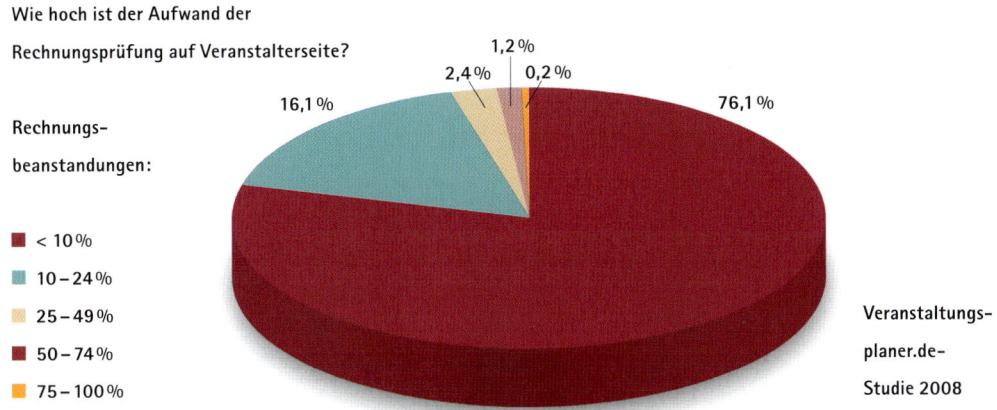

- ■ < 10 %
- ■ 10 – 24 %
- ■ 25 – 49 %
- ■ 50 – 74 %
- ■ 75 – 100 %

1,2 %
2,4 %   0,2 %
16,1 %   76,1 %

Veranstaltungs-

planer.de-

Studie 2008

Eine noch relativ junge Weiterentwicklung (seit 2005) im Abrechnungsprozess des Veranstaltungsbereichs stellen sogenannte „Meeting Cards" dar. Bei der „Meeting Solution" von Air Plus und der „Corporate Meeting Card" von American Express handelt es sich um spezielle Firmenkreditkarten, die zur Zahlungsabwicklung im MICE dienen. Die Firmen profitieren von einer Vereinfachung und Beschleunigung der Abrechnungsprozesse und von einer hohen Datentransparenz. Außerdem können durch den Einsatz von Meeting Cards Prozesskosten minimiert und eine bessere Kostenkontrolle gewährleistet werden. In der Praxis heißt das: Der Meeting Card-Anbieter übernimmt die Rechnungskontrolle und präsentiert dem Kunden erst die endgültige Rechnung – nach etwaigen Korrekturen. Diese Rechnung wird dabei – in Überarbeitung der Hotelrechnung – in einem immer gleichen Layout unter standardmäßiger Aufschlüsselung der Kostenstellen erstellt. So spart sich der Kunde die Zeit, sich in immer anders aufgegliederten Rechnungen einzelner Hotels, die evtl. auch noch immer unterschiedliche Bezeichnungen für dieselben Kostenstellen benutzen, zurecht zu finden.

Auch die Hotellerie kann grundsätzlich von den Karten profitieren, da ein schnellerer Zahlungsfluss gewährleistet ist, der Debitorenprozess verschlankt wird und eine höhere Sicherheit durch den Ausschluss von Zahlungsausfällen geboten wird. Allerdings verursachen die Meeting Cards im Vergleich zur klassischen Überweisung Kosten durch ein umsatzabhängiges Disagio der Kreditkartenzahlung sowie evtl. weitere anteilige Prozesskosten. Wird bereits in Veranstaltungsanfragen die Abrechnung über eine Meeting Card gewünscht, so sind unbedingt die Abrechnungsmodalitäten im Vorfeld zu klären, um die Prozesskosten aus Sicht des Hotels kalkulieren zu können.

Aus der folgenden Grafik wird ersichtlich, dass Meeting Cards im Abrechnungsprozess von Tagungen und Events in der Hotellerie noch verhalten eingesetzt werden, die Tendenz ist allerdings steigend:

Bezahlung von Veranstaltungsrechnungen

Wie werden Veranstaltungen durch die Unternehmen bezahlt?

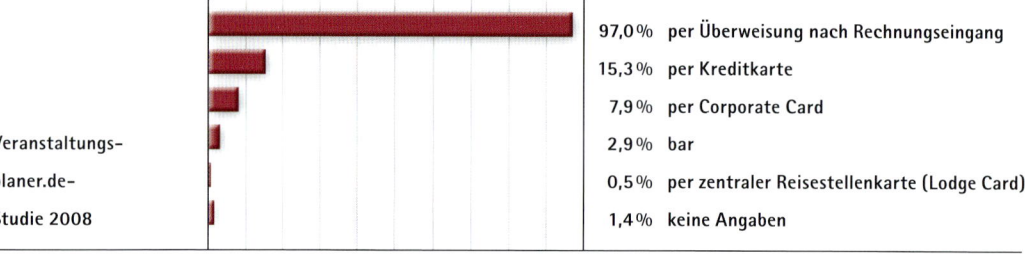

97,0 %	per Überweisung nach Rechnungseingang
15,3 %	per Kreditkarte
7,9 %	per Corporate Card
2,9 %	bar
0,5 %	per zentraler Reisestellenkarte (Lodge Card)
1,4 %	keine Angaben

Veranstaltungs-
planer.de-
Studie 2008

7.10 ■ Technik

Die Technikabteilung ist vielfach maßgeblich am Erfolg einer Veranstaltung beteiligt. Nur wenn die angeforderte oder auch mitgebrachte Tagungstechnik einwandfrei funktioniert, kann sich der Referent zu 100 % auf seinen Vortrag konzentrieren bzw. bekommen die Gäste die gewünschten Informationen wie Emotionen mit Hilfe der Inszenierung vermittelt. Daher ist neben der Teilnahme des Technikers an Kundenabsprachen, im Falle komplexer Technik-Installationen die Anwesenheit und direkte Einsatzbereitschaft eines Technikers während der Veranstaltungen sicherzustellen. Die Hilfestellung kann dabei von der Unterstützung beim Beamer-Anschluss über die Bereitstellung von Adaptern bis hin zur Instandsetzung defekter Geräte reichen.

Generell sind sämtliche technischen oder elektronischen Geräte im Hotel zu pflegen und in einwandfreiem Zustand zu halten. Der Event-Abteilung muss eine Liste aller einsatzfähigen Geräte vorliegen. Idealerweise wird diese in die Stammdaten der Hotel-Software eingespeist, so dass auf Knopfdruck eine aktuelle Verfügbarkeit aller Geräte für einen bestimmten Veranstaltungstag abrufbar ist. Dadurch werden Doppelvermietungen im selben Zeitraum vermieden. Sollte das eine oder andere Geräte beispielsweise zu einer aufwändigeren Reparatur außer Haus gegeben werden müssen, ist dies zuverlässig in einer aktualisierten Bestandsliste zu kommunizieren.

Zusätzlich muss eine Preisliste mit Stunden- bzw. Tagessätzen für jedes einzelne Gerät erstellt werden. Des Weiteren sind für die interne Kalkulation von Tagungspauschalen (siehe Kapitel 6.2) die darin enthaltenen Gerätemieten zu ermitteln. Für die Preiskalkulation werden neben den Anschaffungskosten die planmäßigen Wartungskosten sowie die kalkulatorische Nutzungsdauer herangezogen.

Die laut Function Sheet vom Kunden bestellten Geräte sind vor Veranstaltungsbeginn ordnungsgemäß bereitzustellen. Dazu zählt beispielsweise auch, Kabel so zu verlegen oder abzukleben, dass erstens für die Gäste keine Verletzungsgefahr besteht und zweitens ein ordentlicher und harmonischer Gesamteindruck des Raums gewährleistet ist. Dem Referent ist auf Wunsch eine kurze technische Einweisung zu geben.

Sollten Sonderwünsche des Kunden eingehen, so ist zu prüfen, ob diese mit der im Hotel vorhandenen Technik zu erfüllen sind. Ist dies der Fall, wird ein maßgeschneidertes Angebot erstellt. Sollten Fremdfirmen für einzelne oder komplexere technische Lösungen hinzugezogen werden, so sollte der Techniker im Sinne des umfassenden Kundenservice sowie der Kompatibilität der einzelnen Komponenten die Angebotseinholung übernehmen. Der Kunde bekommt dann vom Hotel ein Komplettangebot übermittelt. So übernimmt das Hotel die Bestellung, Bereitstellung und Abrechnung der zusätzlichen Tagungs- oder Eventtechnik im Auftrag des Kunden.

Waren früher vor allem handwerkliche und Elektriker-Fähigkeiten von einem guten Hoteltechniker gefordert, so hat sich das Aufgabenspektrum in den vergangenen Jahren beinahe explosionsartig erweitert. Nun zählen PC-, Programmierungs- und System-Kenntnisse ebenso zu den Basisanforderungen. In größeren Hotels ist dieses weite Feld vom Techniker kaum zu bewältigen und es setzt sich deshalb mehr und mehr der Einsatz eines Systemtechnikers (die Titelbezeichnungen dieser Stelle können – wie in der IT-Branche üblich – durchaus stark variieren und äußerst kreativ sein) durch.

■ Zusammenfassung 7.11

- ■ Im wöchentlichen Event-Meeting werden die Function Sheets aller Veranstaltungen der kommenden Woche sowie komplexer Veranstaltungen in der Zukunft ausgeteilt und besprochen. Die Abteilungsleiter aller operativen Abteilungen bzw. deren Stellvertreter sollten unter allen Umständen am Event-Meeting teilnehmen, um spätere Unklarheiten oder Service-Fehlleistungen zu vermeiden. Es empfiehlt sich außerdem, die Function Sheets durch handschriftliche Gesprächsnotizen zu ergänzen.

- Function Sheets sind als direkte Arbeitsanweisungen zu verstehen und dienen als Grundlage für die Dienstplangestaltung sowie den Wareneinkauf.

- Weiterhin werden Forceast- und Budget-Zahlen gegenüber gestellt, um eine länger-fristige Personalplanung zu ermöglichen und eventuelle Marketingmaßnahmen abzuwägen.

- Grundsätzlich ist mit der Reservierung abzuklären, ob und mit welcher Flexibilität eine sog. Ceiling eingerichtet wird und wie die Zuständigkeit für die Verwaltung von Zimmerblocks und damit verbunden die Eingabe von Namenslisten geregelt wird.

- Für die Rezeption gilt, je mehr Informationen (egal, ob sie den direkten Hotelaufenthalt betreffen oder z. B. das Rahmenprogramm außer Haus) über eine MICE-Buchung vorliegen, desto professioneller können Gästefragen beantwortet werden. Dies gilt insbesondere zu Zeiten, in denen die Event-Abteilung nicht besetzt oder erreichbar ist.

- Das Function Sheet hat direkten Einfluss auf die Arbeitsplanung in puncto Check-In-Vorbereitung, Zimmerzuteilung und Berücksichtigung eines VIP-Status.

- Für das Housekeeping ist die voraussichtliche An- und Abreisezeit der Gäste für die Arbeitszeitplanung von essentieller Bedeutung. Bei bereits absehbaren Überschneidun-gen an- und abreisender Gäste sollte vom Event-Management auch unter Drängen seitens des Kunden keinesfalls eine Bereitstellungsgarantie der Gästezimmer zu einer bestimmten Uhrzeit gegeben werden.

- Der Bankettleiter arbeitet in der Regel am intensivsten mit dem Event-Manager zusam-men – zumeist bereits in der Phase der Kundenabsprache. Die Angaben im Function Sheet müssen so präzise sein, dass sie von den Bankettmitarbeitern zur absoluten Kundenzufriedenheit ausgeführt werden können.

- Für Hotelrestaurants bedeutet Bankett-Volumengeschäft und damit verbundenes Frühstück, Mittag- oder Abendessen meist unverzichtbare Mehreinnahmen. Dabei muss sichergestellt sein, dass Tagungsgäste mit derselben Aufmerksamkeit und Pro-fessionalität wie Individualgäste bedient werden.

- Servicezeiten können sich im Tagungsablauf ändern, daher empfiehlt sich ein enger Kontakt zwischen Bankett- und Restaurantleiter, um flexibel darauf reagieren zu können.

■ Die Hauptaufgaben des Küchenchefs sind neben der allgemeinen kostengünstigen Wareneinsatzkalkulation die Gestaltung individueller Menüvorschläge inkl. der zugehörigen Preise, die Berücksichtigung besonderer Essenswünsche (z. B. vegetarisch) sowie die regelmäßige Entwicklung zeitgemäßer und saisonaler Rezeptideen.

■ Nach einem Abgleich der Zielgruppen des MICE mit dem Hotelbetrieb als Ganzem wird entschieden, welche Infomaterialien gemeinsam erstellt und welche Marketingaktionen gemeinsam durchgeführt werden.

■ Verkaufsmitarbeiter sollten ein mehrtägiges Cross Training sowohl im Event-Management als auch im Bankettbereich durchlaufen, um ihr Fachwissen und somit ihre Verkaufsfähigkeiten zu erweitern.

■ Die Buchhaltung übernimmt neben der Erstellung der allgemeinen Zahlungs- und Stornobedingungen sämtliche Rechnungslegungen sowie die Überwachung der Zahlungseingänge. Eine korrekte Rechnungslegung ist nur dann möglich, wenn die Einzelbelege in allen Abteilungen sorgfältig überprüft und von autorisierten Personen abgezeichnet wurden.

■ Meeting Cards stellen eine noch relativ junge Weiterentwicklung im Abrechnungsprozess mit Entwicklungspotenzial dar. Vorteile für den Kunden sind eine für alle Hotels einheitliche, übersichtliche Kostenaufschlüsselung sowie erhöhte Datentransparenz. Vorteile für das Hotel sind schneller Zahlungsfluss und Garantien gegen Zahlungsausfall; ein entscheidender Nachteil ist aber das zu zahlende, umsatzabhängige Disagio.

■ Der Techniker ist für die ordnungsgemäße Bereitstellung sowie für den reibungslosen Einsatz sämtlicher technischer und elektronischer Geräte verantwortlich. Zur Hilfestellung bei der Anwendung oder kleineren Reparaturen sollte während Veranstaltungen stets ein Techniker vor Ort sein.

■ Die Liste aller im Hotel vorhandenen Geräte sollte jederzeit aktualisiert im Event-Management vorliegen.

■ Hat der Kunde umfangreiche technische Sonderwünsche, übernimmt der Techniker zumeist die Angebotskorrespondenz und Abrechnung mit Fremdanbietern.

■ Da die geforderten Fähigkeiten immer umfangreicher werden, haben bereits viele Hotels zusätzlich die Stelle eines Systemtechnikers eingerichtet.

8 Tagungstechnik

■ Moderne Tagungstechnik 8.1

Gemäß Schreiber (2002) wird Konferenztechnik wie folgt definiert:

„Die Konferenztechnik ist definiert als die Gesamtheit der auf Tagungen eingesetzten Medientechnik."

Da sich insbesondere dieses Spektrum stetig und tendenziell überproportional erweitert, soll hier nicht im Detail auf die technischen Raffinessen eingegangen werden. Dies würde zum einen den Rahmen des Buches sprengen und zum anderen ist dieser Bereich innerhalb des Hotelgefüges ganz klar der Verantwortlichkeit der Technik-Abteilung und nicht dem Event-Management zuzuordnen. Allerdings sollte das Wissen der Event-Mitarbeiter zumindest insoweit fundiert sein, dass die Einsatzbereiche der einzelnen Geräte bekannt sind und eine fachgerechte Beratung des Kunden möglich ist. Eine praktische Einweisung und Erläuterung sämtlicher im Hotel vorhandener sowie der wichtigsten Mietgeräte ist daher unerlässlich.

Kunden wollen erfahrungsgemäß ihre Gäste durch spektakulär inszenierte Präsentationen beeindrucken und die Professionalität der eingesetzten Tagungstechnik für ihren eigenen Imagegewinn nutzen. Passend ist hier die Aussage von Helmut Brähler in Schreiber (2002), dass „sich die meisten Teilnehmer kaum Gedanken machen, welche Technik eingesetzt wird. Was auch gut so ist, denn Konferenztechnik sollte nur dann auffallen, wenn sie einmal nicht funktioniert – was natürlich nie passieren sollte." Um technisch immer auf dem neuesten Stand zu sein und der vergleichsweise kurzen Lebensdauer der Geräte Rechnung zu tragen, sind in diesem Bereich der Hotellerie die Investitionen üblicherweise höher als in anderen Bereichen. Dies wird in der folgenden Grafik deutlich:

Investitionen in Konferenz- und Tagungstechnik

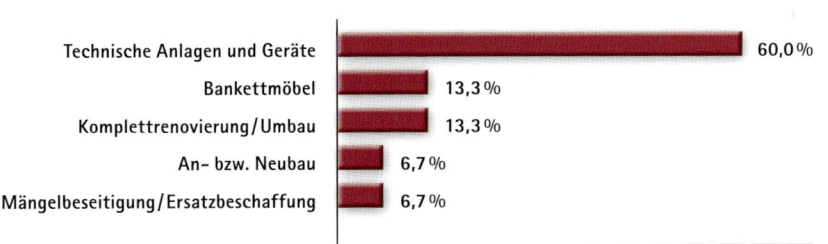

In welche Produkte wollen Sie konkret investieren bzw. was wollen Sie vor allem anschaffen?

Technische Anlagen und Geräte	60,0 %
Bankettmöbel	13,3 %
Komplettrenovierung / Umbau	13,3 %
An- bzw. Neubau	6,7 %
Mängelbeseitigung / Ersatzbeschaffung	6,7 %

Befragte: n – 15 (Mehrfachantworten möglich, %-Sätze bezogen auf Gesamtzahl der Meinungen)

Studie HOTELINVEST 2009 – Investitionsverhalten der deutschen Hotellerie im Bereich bis 3 Sterne im Auftrag der Allgemeinen Hotel- und Gastronomiezeitung (AHGZ) und INTERNORGA

Um Tagungstechnik allerdings überhaupt und dazu noch bedienerfreundlich einsetzen zu können, müssen die technischen Voraussetzungen im Tagungsraum entsprechend gegeben sein. Ein anschauliches praktisches Beispiel sind ausreichend Steckdosen, die zudem an leicht erreichbaren und strategisch sinnvollen Stellen vorzusehen sind. Ein zusätzliches Kriterium beim Einsatz umfangreicher Technik ist die ausreichende Absicherung der Stromversorgung, um spannungsbedingte Stromausfälle zu vermeiden.

Moderne Tagungstechnik unterstützt insbesondere die Sinnesorgane der Tagungsteilnehmer. Daher ist folgende Kategorisierung sinnvoll:

- Sprechen und Hören (einsprachig): Diskussions- und Beschallungsanlagen

- Sprechen und Hören (mehrsprachig): Simultan-Dolmetscher-Anlagen

- Sehen: Präsentations- und Projektionstechnik (Visualisierung)

- Agieren: Abstimm- und Interaktionstechnik (elektronische Interaktion)

- Sprach-, Bild- und Datenkommunikation: vorzugsweise mit Orten außerhalb des Tagungsraumes

    Quelle: Schreiber (2002)

Hier nun eine Übersicht, der sowohl im Tagungs- als auch im Eventbereich der Hotellerie standardmäßig eingesetzten Technik. Je nach Größe, Kategorie und Spezialisierung des einzelnen Hotels variieren selbstverständlich Anzahl und Bandbreite der vorhandenen Geräte. Die nachfolgende Liste ist somit nicht als verbindliche Vorgabe, sondern vielmehr als exemplarische Aufzählung zum momentan aktuellen Technologiestand zu sehen.

- Overhead-Projektor

- Dia-Projektor

- Beamer/LCD-Projektor

- Lautsprecher

- Mikrofone

- Monitore

- DVD-Player

■ CD-Player

■ Videokamera

■ Technische Ausstattung für Telefon- und Videokonferenzen

■ Dolmetscherausrüstung evtl. inkl. Kabine

■ Business Center mit stationären oder mobilen PCs und Druckern

■ Beleuchtung

■ Klimatechnik

■ Spezialeffekte (z. B. Nebelanlage)

...

Außerdem werden häufig Leinwand, Flipchart, Whiteboard, Rednerpult und Moderatoren-koffer durchaus der „Tagungstechnik" zugeordnet, obwohl diese im engeren Sinne über-haupt keine technischen oder elektronischen Geräte sind. Da sie aber die Präsentationen gemeinsam mit der Technik unterstützen, werden sie in einem Zug angeboten (z. B. auch in der Tagungspauschale – Kapitel 6.2).

■ Internetverbindung 8.2

Kein modernes Tagungshotel, egal welcher Größe oder Kategorie wird heutzutage ohne die Bereitstellung einer Internetverbindung am Markt bestehen können. Dabei kann die Bandbreite der nachgefragten Leistungen durchaus variieren:

■ Möglichkeit der Nutzung eines Business Centers mit stationärem PC und Internet-zugang sowohl für den Referenten als auch für die Tagungsteilnehmer zum indivi-duellen Abrufen ihrer E-Mails

■ Internetanschluss im Tagungsraum für den Referenten, um eine Online-Präsentation durchführen zu können

■ Internetanschluss im Tagungsraum für mehrere oder sämtliche Tagungsteilnehmer, um Gruppenarbeiten oder Einzelrecherchen durchführen zu können.

■ Internet-Kabel-Anschluss oder Wireless-LAN

Egal, welche Variante der Kunde wählt, ihm werden die folgenden Punkte wichtig sein:

- Einsatz von High-speed-Internetzugängen

- Optional zeitgenaue Abrechnung oder günstige Pauschalen

- Bedienerfreundlicher Internetzugang (mehrsprachig, Passwortwahl)

- Schnelle Erreichbarkeit des Technikers oder Systemtechnikers bei Zugangs- oder Nutzungsproblemen

Auch in diesem Punkt sei darauf hingewiesen, dass eine umfangreiche wie technisch fundierte Analyse der anzubietenden Varianten erstens nicht in den Bereich des administrativen Event-Managements gehört (hier wird lediglich das Angebot nach Kundenwunsch erstellt sowie die Abrechnung kontrolliert) und zweitens aufgrund der extremen Schnelllebigkeit in diesem Bereich immer nur eine Momentaufnahme darstellen würde. So soll hier lediglich eine grobe Übersicht der derzeit am Markt verfügbaren Lösungen genügen.

In der Praxis hat sich vor allem die Zusammenarbeit mit externen Anbietern von Internet-Anschlüssen sowohl für Hotelzimmer als auch für den öffentlichen Hotelbereich bzw. die Tagungsräumlichkeiten durchgesetzt. Dabei spielen selbstverständlich komfortable Drahtlosverbindungen eine immer größere Rolle. Der externe Anbieter installiert je nach gewünschter Reichweite entsprechend sogenannte Router an verschiedenen Stellen des Hotelgebäudes. Gäste können sich dann entweder unter Angabe ihrer Kreditkartennummer anmelden. In diesem Fall hat dann das Hotel keinerlei Abrechnungsarbeit zu leisten, da der Gast direkt mit dem Anbieter abrechnet. Oder der Gast bekommt vom Hotel ein Passwort mit dem er sich einwählen kann und das in der Regel zeitlich beschränkt gültig ist. So übernimmt das Hotel die Abrechnung mit dem Anbieter. Dabei kann vielfach ausgewählt werden, ob das Hotel eine Pauschale (eine sogenannte „Flatrate") bezahlt oder die entstehenden Kosten dem Kunden mit einem Aufschlag weitergegeben werden.

Auch wenn der einzelne Event-Mitarbeiter nicht zwingend ein Spezialist im Bereich Internetanschlüsse sein muss, so wird vom Kunden jedenfalls soviel Produktkenntnis über die technischen Möglichkeiten im eigenen Hotel vorausgesetzt, dass eine Bestätigung der gewünschten Leistungen möglich ist. Sollten Detailfragen – etwa zur exakten Bandbreite des Internetzugangs – auftauchen, so empfiehlt es sich, den (System-)Techniker als Experten ins Kundengespräch einzubeziehen. Dies beugt nicht nur späteren Unstimmigkeiten vor, sondern vermittelt dem Kunden Professionalität in der Veranstaltungsplanung.

Anmietung oder Eigenregie 8.3

Gerade für die mittelständische Hotellerie stellt sich beim Thema Tagungstechnik immer wieder die Frage, ob es sich überhaupt lohnt, kostenintensive Geräte selbst anzuschaffen, oder idealerweise mit Fremdfirmen zusammenzuarbeiten. Bei dieser Lösung würde die Kundenanfrage hinsichtlich der Tagungstechnik direkt an ein kooperierendes professionelles Medientechnik-Unternehmen weitergeleitet werden. Das spezialisierte Unternehmen berät den Kunden, erarbeitet ein Angebot, liefert die bestellte Technik zum gewünschten Termin ins Hotel, installiert sie, holt sie fristgerecht wieder ab und erstellt in der Regel eine direkte Rechnung. Das Hotel hat also außer der Anfragenweiterleitung nichts mit der Tagungstechnik zu tun, erhält aber üblicherweise eine Vermittlerprovision in Höhe eines verhandelten Prozentsatzes vom Umsatz. Welche Alternative nun aus rein betriebswirtschaftlicher Sicht die günstigere ist, müssen Techniker und Controller aus den Anschaffungskosten, den Unterhaltskosten, der geschätzten Lebensdauer sowie der Nutzungsfrequenz in Gegenüberstellung der voraussichtlichen Provisionshöhen berechnen.

Aus praktischer Hotel- bzw. Kundensicht ergeben sich die folgenden Vor- und Nachteile der Anmietung von Tagungstechnik:

Vorteile für das Hotel bei Anmietung von Tagungstechnik

- Keine Kapitalbindung durch Investitionskosten

- Keine Kosten für Unterhalt und Wartung der Geräte

- Keine Lagerkapazitäten nötig

Nachteile für das Hotel bei Anmietung von Tagungstechnik

- Evtl. Verlustgeschäft durch Beschränkung der Einnahmen auf die Provisionszahlungen

- Gefahr, dass die Nicht-Bereithaltung der Geräte vom Kunden als unprofessionell aufgefasst werden könnte

Vorteile für den Kunden bei Anmietung von Tagungstechnik

- Solange die Geräte technisch einwandfrei funktionieren, ist ihm die Eigentumsfrage relativ egal

- Das spezialisierte Medientechnik-Unternehmen verfügt in der Regel über ein breiteres Angebotsspektrum und neuere Geräte als das Hotel

- Die fachliche Beratung ist professioneller

Nachteile für den Kunden bei Anmietung von Tagungstechnik

■ Evtl. Erhalt einer separaten Rechnung, die den Überblick über die Gesamtkosten einer Veranstaltung erschwert

■ Für ein und dieselbe Veranstaltung kommt nun ein weiterer Ansprechpartner und entsprechende Korrespondenz hinzu

■ Die Tagungstechnik wird zwar fachgerecht vorbereitet und installiert, ein technisch versierter Mitarbeiter zur Einweisung oder bei Problemen steht aber in der Regel nicht zur Verfügung

Aus all diesen und sicherlich weiteren individuellen Gründen wird sich die Frage nach Sinn oder Unsinn von Eigenregie versus Anmietung von Tagungstechnik nicht eindeutig klären lassen. Viele Hotels gehen einen Mittelweg von Bereithaltung der gut ausgelasteten Standardtechnik und Anmietung von weniger frequentierten oder besonders kapital-intensiven Geräten. Wichtig für den Kunden ist die reibungslose Zusammenarbeit von Hotel und Medientechnik-Unternehmen. D.h. der Kontakt muss hergestellt und die Anfrage möglichst direkt weiter geleitet werden. Selbstredend empfiehlt es sich, von Seiten des Hotels eine langfristige Partnerschaft mit nur einem (oder evtl. zwei) Medientechnik-Unternehmen aufzubauen, das die technischen Voraussetzungen in sämtlichen Tagungs-räumen im Detail kennt und somit eine zuverlässige Kundenberatung vornehmen kann.

■ Zusammenfassung 8.4

■ Tagungstechnik soll im Allgemeinen die Sinnesorgane der Tagungsteilnehmer unterstützen und Präsentationen gekonnt in Szene setzen, ohne selbst direkt im Mittelpunkt zu stehen.

■ Event-Mitarbeiter sollen über die technischen Möglichkeiten im Hotel bzw. in den einzelnen Tagungsräumen insoweit Bescheid wissen, dass eine fachlich fundierte Beratung der Kunden möglich ist.

■ Die Bereitstellung einer oder mehrerer Internetverbindungen im Tagungsraum (über Kabel oder Wireless-LAN) wird heutzutage vom Kunden als Standard angesehen. Wichtiges Kriterium ist u. a. die Übertragungsgeschwindigkeit der Daten.

■ Das Hotel wählt in der Regel einen externen Partner, der die Leitungen bzw. Router installiert und den Servicedienst bereitstellt. Die Abrechnung erfolgt je nach Vertragsabschluss über das Hotel oder direkt mit dem externen Partner.

■ Die Entscheidung, ob ein Hotel selbst in Tagungstechnik investiert oder diese im Einzelfall anmietet, hängt neben einer rein betriebswirtschaftlichen Berechnung auch vom Umfang der gewünschten Serviceleistung ab.

■ Sollte mit einem Medientechnik-Unternehmen kooperiert werden, empfiehlt sich eine langfristige Zusammenarbeit für den Aufbau einer fundierten Produktkenntnis des externen Partners sowie eine für den Kunden bequeme Auftragsabwicklung.

9 Erfolgsfaktoren

■ Freundlichkeit 9.1

Für jeden Mitarbeiter der Event-Abteilung – sei es nun die Assistentin, der Koordinator oder der Abteilungsleiter – muss als oberste Prämisse Freundlichkeit in Verbindung mit einem ehrlichen Lächeln gegenüber jedem Gast gelten. Schließlich wollen Gäste wie Könige behandelt werden. Dies fällt selbstverständlich oft umso schwerer, als sich viele Gäste wahrlich nicht immer wie Könige verhalten. Dennoch lassen sich zahlreiche noch so brenzlige Situationen mit schwierigen Gästen allein schon durch eine freundliche, zuvorkommende Art entschärfen. Es fällt naturgemäß schwerer, sich bei einem sympathisch lächelnden Gegenüber in unhöflicher Weise zu beschweren, als bei einem ebenso mürrischen Gesprächspartner. So wird also bei einem freundlichen Service leichter einmal über kleine Mängel wohlwollend hinweg gesehen. Jeder hat wohl selbst schon einmal die Erfahrung gemacht, dass die Wartezeit im Restaurant je nach Freundlichkeit des Servicepersonals als unterschiedlich lang empfunden wird. Wird der Gast nach der Bestellungsaufnahme für die restliche Wartezeit ignoriert, kommt das Gefühl von Vernachlässigung auf. Zeigt die Kellnerin durch freundliche Blicke und kurze Kommentare, dass sie den Gast garantiert nicht vergessen hat und sich um eine zügige Essensplatzierung kümmert, fühlt sich der Gast wichtig genommen und tatsächlich in den Serviceablauf eingebunden. So werden selbst längere Wartezeiten viel eher ohne Gästebeschwerde hingenommen.

Trotz der Bedeutung des Erfolgsfaktors Freundlichkeit darf die Haltung des Mitarbeiters keinesfalls in Richtung Unterwürfigkeit oder gar Angst vor dem Gast umschwenken. Der Mitarbeiter sollte dem Gast gegenüber immer selbstsicher und offen auftreten. Dadurch verschafft er sich den nötigen Respekt und lässt es gar nicht erst so weit kommen, dass der Gast die Chance sieht, den in seinen Augen „kleinen Angestellten" herum kommandieren zu können.

■ Fremdsprachen 9.2

Im internationalen Hotelbusiness sind Fremdsprachenkenntnisse häufig nicht minder wichtig als die eigentliche berufliche Qualifikation. So gilt weltweit Englisch als anerkannte und allgemein übliche Hotel-Sprache. Alle gebräuchlichen Ausdrücke (z. B. Check-In, Pay-TV oder Housekeeping) werden mittlerweile schon gar nicht mehr in die jeweilige Landessprache übersetzt. Zur einfacheren Verständigung zwischen Mitarbeitern verschiedener Nationalitäten oder aber im Dialog zwischen zwei Häusern eines Hotelkonzerns in verschiedenen Ländern behält man die Fachbegriffe im Original bei und wendet sie weltweit einheitlich an. So kann es vorkommen, dass sich zwei deutsche Mitarbeiter am Empfang eines deutschen Hotels auf beruflicher Ebene tatsächlich mehr in Englisch als in Deutsch unterhalten. Dies ist zwar für Hotelangestellte, für die heutzutage perfekte Englischkenntnisse eine Grundvoraussetzung darstellen, kein Problem. Es kann jedoch leicht zu – ungewollten – Verständnisschwierigkeiten mit Gästen kommen. Der Empfangsmitarbeiter fragt beispielsweise den deutschen Wochenendgast, der sich gerade einmal im Jahr einen Hotelaufenthalt gönnt, nach seinem Voucher oder ob er denn lieber ein King- bzw. Double-bed oder gar eine Tower Suite beziehen möchte. In der Regel wird er dafür nur ungläubiges Staunen in Verbindung mit einem fragenden Gesichtsausdruck ernten. Gerade in der internationalen Stadthotellerie fällt es natürlich schwer, sich auf diese „Laien-Gäste" einzustellen. Hat man es doch das ganze Jahr über zumeist mit Geschäftsreisenden zu tun, die weit gereist und mit dem Hotel-Fachjargon wie selbstverständlich vertraut sind. Fremdsprachenkenntnisse im Bereich der Fachbegriffe werden also nur dann zum Erfolgsfaktor, wenn sie auf den jeweiligen Gästekreis zugeschnitten korrekt eingesetzt werden. Wer bei den falschen Gästen (erkennbar ohne Englischkenntnisse) mit Hotelfachbegriffen um sich wirft, wird schnell als arrogant und überheblich eingestuft.

Allgemein ist zu den Fremdsprachenanforderungen in Hotelbetrieben auf deutschem Boden zu sagen, dass neben Deutschkenntnissen (insbesondere für ausländische Mitarbeiter) nur die perfekte Beherrschung der englischen Sprache ein absolutes Muss darstellt. Französisch-, Spanisch-, Italienisch- oder Russisch-Kenntnisse sind zwar wünschenswert und mögen manche Situation vereinfachen, sie sind jedoch nicht zwingend nötig. Ausländische Gäste sprechen zumeist wenigstens in geringem Umfang englisch oder sogar deutsch. Aufgrund des häufig enormen Nationalitäten-Mix unter den Mitarbeitern eines internationalen Hotels ist des Weiteren stets die Chance gegeben, dass ein Hotelmitarbeiter die jeweilige Gästesprache versteht bzw. spricht und so bei der Überwindung von Sprachbarrieren helfen kann. Nichtsdestotrotz gehört es zum Image eines Hotelmitarbeiters (insbesondere im direkten Gästekontakt), dass er möglichst viele Fremdsprachen fließend spricht und so den Gast bereits in seiner Muttersprache begrüßen kann. Somit wird vom ersten Moment an ein Gefühl von Willkommensein vermittelt.

Um den Gästen eine Übersicht über vorhandene Fremdsprachenkenntnisse zu geben, sollten diese klar erkennbar positioniert werden. Als gute Idee hat sich in diesem Zusammenhang die Anbringung von Nationalitätenfähnchen, die die jeweilige Landessprache repräsentieren, am Revers der Uniform bzw. des Anzugs erwiesen. So kann ein ausländischer Gast auf einen Blick erkennen, welcher Hotelmitarbeiter seine Landessprache spricht.

■ Belastbarkeit 9.3

Im Vergleich zu vielen anderen Berufsgruppen müssen Mitarbeiter im Event-Manage-ment eines größeren Hotels zum einen extrem belastbar und zum anderen dazu bereit sein, eine Vielzahl an privaten Aktivitäten bei Bedarf einzuschränken. Findet eine Event-Absprache außerhalb der Bürozeiten statt, so muss trotzdem ein Event-Mitarbeiter anwesend sein. Dasselbe gilt selbstverständlich für wichtige bzw. große Veranstaltungen am Abend oder am Wochenende. Es ist also teilweise in Kauf zu nehmen, dass Partner oder Freunde, die in anderen Berufssparten tätig sind, gerne etwas unternehmen möchten, aber man selbst ausgerechnet dann arbeiten muss oder nach einem anstrengenden Arbeitstag einfach zu müde für solche Aktivitäten ist.

Die tatsächliche Arbeitsbelastung setzt sich aus den täglich wechselnden Arbeitsprozessen und Anforderungen zusammen. Nur wer immer hoch konzentriert und gut organisiert arbeitet, wird über einen langen Zeitraum hinweg den Überblick über die unzähligen Detailaufgaben behalten. Kommt dann noch eine kurzfristige Anfrage oder Änderung hinzu, zeigt sich schnell, welche Mitarbeiter stressresistent und somit belastbar sind.

Denjenigen, denen ein stupider Bürojob zu langweilig ist und die sich bei ständig wieder-kehrenden Arbeitsaufgaben schnell unterfordert fühlen, kommen die Anforderungen im Event-Management entgegen. Sie werden trotz allem Stress von ihrem Traumberuf sprechen. Denn nur, wer diese zeitlichen wie arbeitstechnischen Nebeneffekte nicht als Belastung empfindet, hat Augen und die nötige Leidenschaft für die wirklich interessanten Seiten dieses Berufs. Obwohl man sich darüber im Klaren sein muss, dass es hier schwierig sein wird, nach so vielschichtigen Eindrücken zum Feierabend einfach „abzuschalten" und der Beruf somit private Beziehungen durchaus belasten kann, so ist die persönliche Berei-cherung durch die gegebene Abwechslung wohl nahezu unbezahlbar. Dies muss man umso mehr betonen, als dass bekanntermaßen die in der Hotellerie üblicherweise ge-zahlten Gehälter eher unterdurchschnittlich sind – insbesondere bezogen auf die häufig unbezahlten Überstunden sowie auf die zu tragende Verantwortung.

Jeder Abteilungsleiter wird bestätigen können, dass nur motivierte Mitarbeiter wirklich belastbar sind. So kann die Einführung verschiedener denkbarer Motivationsmodelle (z. B. Prämiensystem, Umsatzbeteiligung, Wahl zum Mitarbeiter des Monats u. a.) mittelbar zu einer Steigerung der Belastbarkeit führen. Damit verbunden ist besonders in Stress-situationen die Fehlerquote bzw. den Krankheitsstand drastisch zu senken. Außerdem wird ein Mitarbeiter, der sich ernst genommen fühlt belastbarer sein, als beispielsweise jemand, dessen private Situation bei der Dienstplangestaltung außer Acht gelassen wird.

9.4 ■ Teamorientierung

Wer sich dafür interessiert bzw. sich in der Konsequenz dafür entscheidet, im Event-Management eines Hotels zu arbeiten, sollte sich selbst auf Teamfähigkeit prüfen. Egal in welcher Hierarchieebene, egozentrisches Arbeiten wird langfristig nicht zum Erfolg führen. So müssen Informationen regelmäßig untereinander ausgetauscht werden, um einen gleichen Wissensstand aller Mitarbeiter und so die reibungslose Planung und Durchführung von Events gewährleisten zu können. Mit dem nötigen Detailwissen fällt es ihnen ungleich leichter, bei Nachfragen oder in auftretenden Konfliktsituationen professionell zu reagieren.

Leider stellt eine hohe Fluktuation und damit verbunden eine ständige Neuformierung des Teams den Hotelalltag dar. Für den Abteilungsleiter liegt die Verantwortung in der richtigen Auswahl der zukünftigen Mitarbeiter, die das vorhandene Team konfliktlos ergänzen ebenso wie in der richtigen Mitarbeiterführung. Dabei kommt immer wieder der Begriff der „emotionalen Intelligenz" ins Spiel. Das bedeutet, dass Mitarbeiter zwar nach allgemein anerkannten Management-Modellen (z. B. nach dem Grundsatz des „Job Enrichment" oder „Empowerment") geführt werden, aber zudem der menschliche Faktor und die Persönlichkeit jedes Einzelnen berücksichtigt werden. Wie bereits in Kapitel 9.3 erläutert, sind nur motivierte Mitarbeiter wirklich belastbar. Ebenso kann hier festgestellt werden, dass sich nur motivierte Mitarbeiter, die ihre Anliegen Ernst genommen sehen, reibungslos ins Team integrieren werden. Die Formierung eines leistungsfähigen Teams ist ein immerwährender Prozess, der idealerweise von Motivations- und Teambuilding-Maßnahmen begleitet wird. Diese zusätzlichen Maßnahmen werden sich in aller Regel absolut bezahlt machen. Es ist bewiesen, dass ein gut funktionierendes Team wesentlich leistungsfähiger ist, als dieselbe Anzahl an Egozentrikern.

Wie bereits angedeutet, stellt in der Teamorientierung der Informationsaustausch einen zentralen Punkt dar. Dies kann mittels täglicher oder wöchentlicher Meetings (siehe Kapitel 7.1) oder unter Zuhilfenahme des EDV-Systems (vgl. Kapitel 3.5) geschehen. Ein Mitarbeiter, dem keine Informationen vorenthalten werden – weder was Kundendaten, noch was Budget- und Umsatzzahlen angeht – fühlt sich nicht ausgegrenzt. Vom Abteilungsleiter muss vorgelebt werden, dass Mitarbeiter wie selbstverständlich für ihre Kollegen einstehen, sie vertreten oder bei Überlastung unterstützen. Funktioniert dies im gegenseitigen Wechsel, können auch Stresszeiten bewältigt werden, ohne dass der Kunde die Überbelastung zu spüren bekommt. Auch bei der Event-Planung und -Gestaltung (insbesondere der Dekoration) wird bei der Teamarbeit gegenüber Einzelkämpfern neben der Kreativität auch der Spaßfaktor erhöht!

■ Beschwerdemanagement   9.5

So sehr sich die Hotellerie um perfekten Service bemühen mag, wer kann schon mit Gewissheit sagen, dass er aus Gastsicht noch nie einen Grund zur Reklamation hatte bzw. sich selbst noch nie einen Servicemangel einzugestehen hatte? Dort wo Menschen arbeiten, wird sich dies wohl auch nicht vollkommen ausschließen lassen. In vielen Fällen zeigt sich aber, dass kleine Schwächen durchaus ins Positive in Bezug auf die Kundenbindung gewandelt werden können. Dabei ist allerdings von entscheidender Bedeutung, wie eine Gastbeschwerde behandelt wird.

Professionelles Beschwerdemanagement wird definiert als „aktiver, systematischer und organisierter Umgang mit der Reklamation eines Gastes". Das heißt also, dass man als Hotelier nicht darauf wartet, auf die Beschwerde eines Gastes reagieren zu können. Stattdessen ist vielmehr Proaktivität gefragt. Denn, dass dieser seine Unzufriedenheit von sich aus kundtut, stellt den Idealfall dar. In der Realität bleibt die Mehrzahl der Beschwerden dem Hotelmanagement vorenthalten, denn der Gast sieht sein Problem als zu klein an, um jemanden damit belästigen zu wollen oder denkt sich, dass seine Beschwerde letztendlich doch nichts am unstimmigen Service ändern wird oder aber er traut sich ganz einfach nicht. Es ist immer wieder zu beobachten, dass Gäste einen Rückzieher bei der Reklamation machen, wenn ihr Gegenüber einen dunklen Anzug und ein Namensschild mit hochrangigem Titel trägt. Da fällt es leichter, sich beim Servicepersonal im Restaurant, beim Empfangsmitarbeiter oder beim Zimmermädchen zu beschweren. Deshalb ist es unabdingbar, gerade diese Mitarbeiter in puncto Beschwerdehandling zu schulen. So sollte insbesondere die Frage „Hat Ihnen der Aufenthalt bei uns gefallen?" beim Check-Out mit echtem Interesse an einer ehrlichen Antwort gestellt werden. Der Gast muss das Gefühl haben, dass sein Anliegen ernst genommen und seine Beschwerde eben nicht als Wichtigtuerei oder Schikane angesehen wird. Ein Gast, der einmal ein professionelles und zufriedenstellendes Beschwerdehandling erfahren hat, wird dem Hotel auf lange Zeit loyal verbunden sein. Nahezu jeder Gast hat Verständnis dafür, dass ein Hotelbetrieb von Menschen geführt wird und kleinere Servicemängel „menschlich" sind. Nur sollten diese professionell behoben werden.

Als oberstes Credo des „aktiven" Beschwerdemanagements muss der Grundsatz gelten, von der Unzufriedenheit eines Gastes noch während seines Aufenthaltes zu erfahren und eben nicht erst durch ein nachträgliches Reklamationsschreiben. Aus Forschungsstudien ist bekannt, dass ein Gast seine Zufriedenheit mit den Serviceleistungen eines Hotels durchschnittlich 3 Personen mitteilt, während ein unzufriedener Gast 8 bis 12 Personen von seinem missfallenem Hotelaufenthalt berichtet.

Wie kann nun der Beschwerdeprozess systematisiert werden? Im Rahmen einer professionellen Reklamationsbearbeitung müssen klare Kompetenzen und Standards festgelegt werden. Da – wie bereits angesprochen – sämtliche Hotelmitarbeiter mit der Situation eines unzufriedenen Gastes konfrontiert werden können, müssen auch alle wissen, wie mit dieser Reklamation umzugehen ist. Wichtig dabei ist vor allem, dem Gast wirklich zuzuhören und nicht mit ihm über die Rechtfertigung der Beschwerde zu diskutieren. Hier gilt der Grundsatz „Der Gast hat (fast) immer recht" und der Mitarbeiter hat sich im Namen des Hotels für die schlechte Serviceleistung zu entschuldigen. Vor allem darf die Schuld an der Unzufriedenheit nicht auf andere Abteilungen abgeschoben werden (nach dem Motto „Ich weiß, im Restaurant sind in letzter Zeit schon mehrere Beschwerden aufgetreten, da herrscht eine sehr schlechte Stimmung."). Jeder Mitarbeiter sollte wissen, dass er seinen Vorgesetzten jederzeit und ohne Angst vor Konsequenzen zum Gespräch mit dem Gast hinzubitten kann. Sollte dieser Vorgesetzte nicht erreichbar sein, können andere Abteilungsleiter oder der Manager on Duty das Reklamationsgespräch übernehmen. Nur Beschwerden, die dem Hotelmanagement bekannt sind, können langfristig der Verbesserung der Servicestandards dienen. In diesem Zusammenhang sollte außerdem sicher gestellt sein, dass jeder Mitarbeiter bzw. Manager eine vergleichbare Problemlösung anbietet. Hier kann ein individueller Beschwerde-Kompensations-Katalog hilfreich sein. Dabei wird beispielsweise festgelegt, ob einem unzufriedenen Gast im Restaurant das beanstandete Essen von der Rechnung genommen wird oder aber das Essen trotzdem zu bezahlen ist und dafür eine kostenlose Zusatzleistung wie ein Kaffee oder Dessert angeboten wird.

Selbstverständlich kann dieser Katalog nur Richtlinien vorgeben, da Beschwerden von ihrer Natur so differenziert sind, dass unbedingt ein persönlicher Handlungsfreiraum gegeben sein muss. Jedenfalls muss bei der Festlegung möglicher Kompensationen immer bedacht werden, dass es in der Regel wesentlich kostengünstiger ist, einen unzufriedenen Gast wieder als Stammgast zu gewinnen, als einen Neukunden zu akquirieren.

Die Organisation eines professionellen Beschwerdemanagements umfasst sicher auch standardisierte Antwortschreiben, aber eben nur zu einem gewissen Grad. Gerade in einem überaus personenbezogenen Dienstleistungsbereich wie der Hotellerie ist es unabdingbar, auf Beschwerden individuell und persönlich zu reagieren, beispielsweise durch einen vom Hoteldirektor unterschriebenen Brief. Lediglich für größere Häuser dürften somit spezielle Software-Systeme zur Reklamationsbearbeitung sinnvoll sein.

Als Fazit können Beschwerden bei professioneller Annahme und Reaktion der langfristigen Kundenbindung und Angebotsverbesserung dienen.

■ „Der Kunde ist König" 9.6

Selbst wenn im Hotelmanagement sämtliche Marketinggrundsätze konsequent angewandt und modernste Technologien implementiert werden, ist der ökonomische Erfolg leider nicht die automatische Konsequenz. Insbesondere der MICE-Markt gilt als beispielhafter *Käufermarkt*. D. h. die Kunden können aus einer Überzahl an Angeboten auswählen und so das Marktgeschehen aktiv beeinflussen. Dabei werden sie sich in der Regel für den für sich bequemsten Anfrage-/Buchungsweg kombiniert mit dem besten Angebot entscheiden. Der Kunde zeigt mit seiner Buchungsentscheidung, neben der reinen Produktpräferenz, bei welchem Anbieter er sich am besten aufgehoben fühlt. Unglücklicherweise äußert sich diese Präferenz für das einzelne Hotel mit der Buchung im Konkurrenzhotel aber zu spät, um noch reagieren zu können. Daher ist eine Identifizierung der Kundenwünsche bzgl. Darstellung der Hotelinformationen, Buchungsvorgang sowie Grad der persönlichen Betreuung bereits beim Aufbau des Kundenkontaktes anzustreben. So gilt der von Marriott Int. geprägte Leitspruch „Selling the way the customer wants to buy". Was so viel bedeutet, wie eine Gestaltung der Verkaufs- und Marketingaktivitäten nicht unbedingt nach dem, wie es sich der Hotelmanager idealerweise vorstellt, sondern vielmehr gemäß den Kundenwünschen. Ist also bekannt, dass die Mehrheit der Kunden ihre Tagungen bevorzugt direkt online bucht, so ist eine Investition in eine kundenfreundliche Buchungsplattform inkl. *RFP* dringend ratsam. Bereits in Kapitel 5.5 wurde darauf eingegangen, dass modernes Kundenbindungsmanagement durchaus neben Mailings, Newslettern und Prämiensystemen eine für den Kunden maßgeschneiderte Prozessanalyse mit Lösungsansätzen unter Einbeziehen moderner Technologien anbietet. Lindner Hotels AG ging in jüngster Vergangenheit sogar soweit, ein Projekt zur Gestaltung zukünftiger Hotelzimmer unter Mitwirkung seiner Gäste ins Leben zu rufen. Gemeinsam mit dem Fraunhofer Institut wurde das „NEXTHOTELLAB – Anwendungslabor für den Hotel- und Veranstaltungsbereich" entwickelt. Neben der rein technischen Entwicklung dienen die Kundenanregungen der Markt- und Akzeptanzforschung. Der Kunde bekommt das Gefühl vermittelt, dass seine Meinung durchaus Gewicht hat und bei den Zukunftsplanungen einfließen wird – im selben Schritt wird die Kundenloyalität gefördert.

All diese Punkte zeigen, dass für Hotels die Zeit gekommen ist, vom hohen Ross herabzusteigen, Betriebsblindheit zu bekämpfen und auf die tatsächlichen Kunden- bzw. Agenturwünsche einzugehen. Hotels, die heute noch dem anfragenden Kunden das Gefühl geben, froh sein zu müssen, im angefragten Hotel überhaupt buchen zu dürfen, werden über kurz oder lang das Nachsehen haben. Bereits Mahatma Gandhi fasste diese Grundprinzipien des Qualitätsmanagements im Dienstleitungsbetrieb in wenigen Worten perfekt zusammen:

„A customer is the most important visitor on our premises.
We are dependent on him.
He is not an interruption of our work.
He is the purpose of it.
He is not an outsider in our business.
He is a part of it.
We are not doing him a favor by giving us opportunity to do so."

Insbesondere in wirtschaftlich schweren Zeiten, in denen jede umsatzbringende Buchung heiß umkämpft ist, gilt es, so zu agieren, wie der Kunde es möchte. Das gilt für den administrativen Ablauf ebenso wie für das Angebot an sich. Informationen zu den Kundenvorstellungen und -wünschen können sich Hotels in einer Vielzahl von Online-Communities wie Bewertungsplattformen oder Blogs holen. Dringend ratsam ist die kontinuierliche Beobachtung dieser *web-2.0*-Einträge, um über die Kommentare das eigene Serviceangebot betreffend Bescheid zu wissen. Nur so kann durch Verbesserungen und professionelles Beschwerdemanagement auf etwaige Kritik reagiert und Lob weiterhin positiv umgesetzt werden. Die direkte Mund-zu-Mund-Propaganda der Kunden im Internet wächst stetig und darf keinesfalls als Marketingfaktor unterschätzt werden.

Die Zeiten von langweiligen, mehrtägigen Seminaren, die nach dem Schema „… und täglich grüßt das Murmeltier" ablaufen, gehen langsam aber sicher zu Ende. Laut der aktuellen Studie von veranstaltungsplaner.de legen 2/3 aller Veranstaltungsorganisatoren großen bis sehr großen Wert auf den Einbau von Erlebnisbausteinen ins Tagungsprogramm. Hotels auf der einen Seite müssen sich ebenso wie Veranstaltungsagenturen auf der anderen Seite auf die veränderten Kundenansprüche einstellen. In einigen Branchen wird versucht, den Konkurrenten in Hinblick auf Rahmenprogramm und Tagungsambiente (beispielsweise bei Produktpräsentationen) zu übertrumpfen und somit Kunden wie Mitarbeiter nachhaltig zu beeindrucken. So wird mehr und mehr eine *Eventlocation* anstelle eines bisher üblichen Tagungsraums für Seminare und Besprechungen nachgefragt. Pfiffige Hoteliers haben bereits in die Renovierung und Umgestaltung bisher fast vergessener Scheunen und Kellergewölbe zum „besonderen Tagungsraum" investiert. Ist dies im eigenen Gebäude oder auf dem vorbestimmten Areal nicht möglich, können Kooperationen mit nahe gelegenen Eventlocations sinnvoll sein. Das Hotel übernimmt hier in den meisten Fällen Service, Catering sowie die zentrale Abrechnung. Konkurrenz für die deutsche Tagungshotellerie kommt übrigens nicht nur aus den eigenen Reihen. Aufgrund der massiv zurückgegangenen Flugpreise in südeuropäische Destinationen und meist vergleichbarer Zimmerpreise bzw. Tagungspauschalen sowie ebenbürtigem technischen Standard, weitet sich der Wettbewerb für Tagungsanfragen immer weiter aus. Welcher Tagungsteilnehmer würde sich beispielsweise nicht über eine Einladung zum Seminar an der Costa del Sol mit Rahmenprogramm Beach-Party oder Flamenco-Show freuen? Vielleicht bleibt sogar noch Zeit für eine Schnupper-Runde über den Golfplatz. Genau dieses Element machen sich neben Kreuzfahrtgesellschaften (z. B. AIDA, Royal Caribbean) auch Clubanbieter wie Aldiana oder Robinson zu Nutze. Professionelle Tagungsmöglichkeiten werden mit entspannter Clubatmosphäre und umfangreichem wie extravagantem (teils sportlichem) Rahmenprogramm kombiniert. In Saison-Randzeiten können hier sogar Clubanlagen exklusiv reserviert werden. Nachfolgend eine aktuelle Werbeaktion von Aldiana zu diesem Thema:

Praxisbeispiel für einen Flyer zum Thema „Tagen in entspannter Clubatmosphäre"

Um mit Destinationen mithalten zu können, die alleine mit ihrem Namen, guten Wetterbedingungen und reizvoller Natur punkten, muss sich ein klassisches Tagungshotel Neues einfallen lassen. Ein aktueller Trend sind Teambuilding-Aktionen. Besonders hervorzuheben sind dabei Kochevents. Nach einem anstrengenden Seminartag wird das Gruppengefühl durch gemeinsames Zubereiten – und selbstverständlich anschließendem Verzehr – des Abendessens unter fachkundiger Anleitung gestärkt. Sollte dies im eigenen Hotel aus Platzgründen in der Küche nicht möglich sein, ist vielfach eine Kooperation mit Küchenstudios oder spezialisierten Anbietern möglich. Des Weiteren sollten auch zusätzliche Bausteine fürs Rahmenprogramm wie beispielsweise Stadtrundfahrten, Abendprogramme und sportliche Aktivitäten in Zusammenarbeit mit lokalen Anbietern gemeinsam mit evtl. speziell nachgefragter technischer Ausstattung im Komplettpaket angeboten werden. Das heißt, dass der Kunde nur einen Ansprechpartner zur Buchung und Abrechnung hat. Das Hotel übernimmt die Aufteilung der Kostenstellen. Da dieser Service bis heute von eher wenigen Tagungshotels angeboten wird, übernehmen größtenteils Veranstaltungsagenturen diesen Part. Sie fragen im Auftrag des Kunden die Hotelleistung an und kombinieren diese dann mit gewünschten Zusatzleistungen zu einem Komplettangebot.

Bereits in Kapitel 5.1 wurde am Beispiel des *Pharmakodex* darauf eingegangen, wie wichtig eine zielgruppengerechte Gestaltung von Hotelinformationen und Präsentationsmappen für den folgenden wirtschaftlichen Erfolg sein kann. Nachstehend nun noch zur Verdeutlichung der Wortlaut des sog. Pharmakodex:

PRAXISBEISPIEL

Stand Juli 2008

Leitlinien des Vorstands des FSA gemäß § 6 Abs. 2 FSA-Kodex Fachkreise

4. Leitlinie gemäß § 6 Abs. 2 i. V. m. § 20 Abs. 11 zur Auslegung des Begriffs „angemessene Reisekosten" (§ 20 Abs. 2 Satz 1 und Abs. 4 Satz 1)

4.1 Nach § 20 Abs. 2 Satz 1 und Abs. 4 Satz 1 dürfen die eingeladenen Teilnehmer von internen und externen Fortbildungsveranstaltungen nur „angemessene Reisekosten" sowie die notwendigen Übernachtungskosten übernommen werden.

4.2 Unter „angemessenen Reisekosten" sind Bahntickets (1. Klasse) sowie PKW-Fahrtkosten in Höhe der steuerlich zugelassenen pauschalen Kilometersatz je Fahrtkilometer für Dienstreisen und die Erstattung sonstiger Reisekosten (öffentliche Verkehrsmittel, Taxen) zu verstehen.

Bei Flugreisen ist die Übernahme von Kosten der Economy-Class für innereuropäische Flüge sowie der Business-Class für interkontinentale Flüge angemessen. Die Erstattung von First-Class-Flügen ist hingegen unangemessen.

5. Leitlinie gemäß § 6 Abs. 2 i. V. m. § 20 Abs. 11 zur Auslegung des Begriffe „angemessene Bewirtung" (§ 20 Abs. 2 Satz 2) und „angemessener Rahmen von Unterbringung und Bewirtung" (§ 20 Abs. 3 Satz 1)

   Nach § 20 Abs. 2 Satz 2 ist im Rahmen interner Fortbildungsveranstaltungen auch eine „angemessene Bewirtung" der Teilnehmer möglich. Gemäß § 20 Abs. 3 Satz 1 dürfen bei diesen Veranstaltungen ferner „Unterbringung und Bewirtung einen angemessenen Rahmen" nicht überschreiten.

5.1 Die „Bewirtung" ist „angemessen" und überschreitet einen „angemessenen Rahmen" nicht, sofern diese sozialadäquat ist. Als Orientierungsgröße für eine noch angemessene Bewirtung ist bei Bewirtungen im Inland unter Berücksichtigung der seit dem Inkrafttreten des Kodex im Jahr 2004 stattgefundenen Preiserhöhungen und der erfolgten Erhöhung der Umsatzsteuer ein Betrag von etwa EUR 60,00 anzusehen (Stand: Juli 2008).

5.2 Bei einer Bewirtung im Ausland sollte sich die Angemessenheit der Bewirtung am Maßstab der geltenden steuerlichen Pauschbeträge für Verpflegungsmehraufwendungen im Ausland orientieren, da hierdurch ein gegebenenfalls bestehendes höheres Preisniveau abgebildet wird. Die Angemessenheit einer Bewirtung im Ausland kann insofern durch einen Vergleich der geltenden Pauschbeträge mit dem für das Inland geltenden Pauschbetrag ermittelt werden (FS I 2006.8-135). Die oben unter Ziff. 5.1 genannte Orientierungsgröße kann sich daher, je nach dem im Ausland bestehenden Preisniveau, um einen bestimmten Prozentsatz erhöhen.

5.3 Die „Unterbringung" überschreitet einen „angemessenen Rahmen" dann nicht, sofern

- das Hotel im Hinblick auf seine Infrastruktur, Technik und Räumlichkeiten die Kriterien eines Business-Konferenzhotels entspricht

- keine außergewöhnlichen Wellness-Bereiche und -Angebote aufweist; und

- keinen erhöhten Erlebnis- oder Erholungscharakter hat.

   Bei der Beurteilung der Angemessenheit der Unterbringung ist zudem darauf abzustellen, ob auf Grund der Wahrnehmung des Hotels durch die eingeladenen Angehörigen der Fachkreise der bloße Aufenthalt in dem Hotel selbst einen besonderen Anreizfaktor bildet, der geeignet ist, diese in ihrer Therapie- und Verordnungsfreiheit unsachlich zu beeinflussen.

   Hotels, die in die 5-Sterne Kategorie fallen, scheiden nicht von vornherein als unangemessen aus, sofern der Business-Charakter des Hauses im Vordergrund steht und sich das Hotel nicht durch Luxusmerkmale in besonderer Weise auszeichnet.

Da sich die im letzten Absatz beschriebenen 5-Sterne-Hotels wohl im Normalfall durchaus durch Luxusmerkmale in besonderer Weise auszeichnen (denn sonst würden sie nicht der 5-Sterne-Kategorie zugerechnet werden), scheiden sie definitionsgemäß bei der Hotelauswahl für Tagungen, Events oder Produktpräsentationen von vornherein aus. Da aber insbesondere Pharmakonzerne einen überaus wichtigen Kundenkreis darstellen, wollen sich Luxushotels dieses Geschäft nicht aufgrund von Branchenvorgaben nehmen lassen. Die Pharmakonzerne andersherum wollen entweder selbst oder mit den eingeladenen Ärzten lieber nach wie vor im 5-Sterne-Hotel nächtigen, tagen und die allgemeinen Annehmlichkeiten genießen. Wie geht man also vor, um auch hier den Kundenwünschen zu entsprechen? Der Kundenwunsch sieht hier wie folgt aus: Ein Hotelangebot, das nirgendwo einen Hinweis auf eine Zugehörigkeit des Hauses zur „verbotenen" 5-Sterne-Kategorie enthält. Am konsequentesten ist dies selbstverständlich durchzuhalten, wenn das Hotel überhaupt nicht nach den Richtlinien der Deutschen *Hotelklassifizierung* klassifiziert ist und somit offiziell überhaupt keine Sterne-Kategorisierung aufweist.

Der nachfolgende Pressebericht soll dazu dienen, die Relevanz wie Brisanz dieses Themas eindrucksvoll darzustellen. Der Artikel ist die Reaktion auf die aufsehenerregende Rückgabe der Klassifizierung als 5-Sterne-Hotel des Berliner Tagungshotels InterContinental.

PRAXISBEISPIEL

BERLIN. Vier Jahre nach Einführung des Pharmakodex sorgt dieser für neue Aufregung. Denn die dort aufgestellten Kriterien für die Buchung von Tagungshotels belasten die Branche nachhaltig. Einige 5-Sterne-Hotels hatten als Reaktion auf den Kodex ihre DEHOGA-Sterne zurückgegeben und mitgeteilt: Diese Klassifizierung brauchen wir nicht, wir sind auch ohne sie top. Beim DEHOGA wird diese erneute Diskussion darüber zurückhaltend kommentiert.

Hauptgeschäftsführer Markus Luthe verweist darauf, dass seit 2004 lediglich fünf von 18 Berliner 5-Sterne-Hotels ihre Klassifizierung zurückgegeben hätten. Doch da das InterConti dazugehört, kann man auch beim Verband die Angelegenheit nicht komplett ignorieren: InterConti-Chef Willy Weiland ist immerhin der Präsident des Berliner Hotel- und Gaststättenverbandes. Und so hat man sich darauf verständigt, das InterConti als eine Art „Versuchskaninchen" in Sache Sterne-Rückgabe zu beobachten und nach angemessener Zeit Bilanz zu ziehen.

Nachhaltige Wirkung

„Wir wollen sicher sein, dass wir nicht wegen der Einstufung fünf Sterne = Luxus ausgeschlossen werden. Unsere fünf Sterne sind auf Business ausgerichtet, wir sind ein Kongresshotel, 50 Prozent unseres Geschäftes sind Kongresse. Doch wenn man in der Pharmabranche jetzt alles in einen Topf wirft und nur noch vier Sterne bucht, um den Luxus auszuschließen, dann sind unsere fünf Sterne kontraproduktiv", begründet Weiland im Gespräch mit der AHGZ ganz offen die Sterneabgabe.

Den Kodex der Pharmaindustrie gibt es zwar schon seit dem Jahr 2004, doch seine Auswirkungen für die Hotelbranche sind nachhaltig zu spüren und schüren deshalb die aktuelle Diskussion darüber. In der Pharmaindustrie war man die Schlagzeilen über gesponserte Luxusreisen für Mediziner leid und so wurden im Kodex Kriterien für die Auswahl von Tagungsorten und -stätten für Ärzte-Kongresse festgeschrieben. Kein Luxus, sondern nur das fachlich Angemessene und Notwendige. Und so machten die Pharmaunternehmen bei ihren Buchungen plötzlich einen großen Bogen um die 5-Sterne-Luxus-Hotels.

Zuwachs nach Abgabe

Firmensprecher vom Esplanade und Swissôtel sagen klar, dass der Pharma-kodex der Grund für die Rückgabe der Klassifizierung war. Im Swissôtel hat man registriert, dass der Kodex zu Rückgängen bei Anfragen und Buchungen führte. Ohne Sterne kam es wieder zu einem leichten Zuwachs. Bei Hilton heißt es, man sei ohnehin auch international nicht zertifiziert.

Michael Grusa von der Freiwilligen Selbstkontrolle für die Arzneimittelindustrie betont: „Fünf Sterne fallen nicht grundsätzlich heraus, es soll dabei jedoch genauer geprüft werden, ob die Kriterien des Kodex' erfüllt werden, ob der Business-Charakter des Hotels im Vordergrund steht." Und vermutlich führe das im Einzelfall vielleicht auch dazu, dass vorsichtshalber nur noch ein 4-Sterne-Hotel gebucht werde. Notfalls müssten erneut Gespräche mit der Hotelbranche stattfinden. Grusa fordert die Hoteliers aber zugleich auf, die Kriterien des Kodex für sich zu prüfen und offensiv auf die Firmen der Pharmabranche zu-zugehen. Karin Rieppel

Erschienen in der Allgemeinen Hotel- und Gastronomie-Zeitung, Ausgabe 2008/29, Seite 2

Auch Hotelketten, die generell nicht offiziell klassifiziert sind und sich dem Luxussegment zurechnen, gehen inzwischen sehr offensiv mit dem Thema Pharmakodex um. Nahezu alle vergleichbaren Anbieter im Tagungsbereich haben Broschüren oder Internet-PDF-Flyer erstellt, um die Tagungsplaner der Pharmabranche konkret anzusprechen und die Hotelleistungen als „kodexkonform" herauszustellen. Steigenberger ist mit der Einrichtung einer eigenen Homepage www.kodexkonform.de sogar noch einen Schritt weiter gegangen.

Dieses Beispiel zeigt eindrucksvoll, wie wichtig es für den wirtschaftlichen Erfolg eines Hotels sein kann, auf die Kundenwünsche einzugehen. In diesem Fall bucht der Kunde das Hotel nur, wenn dieses die Rahmenbedingungen nach seinen Vorgaben einhält. Des Weiteren wird die Macht des Kunden deutlich, die ein Hotel zum Umdenken in Grundsatzentscheidungen (in diesem Beispiel Klassifizierung oder nicht) bringen kann, um konkurrenzfähig zu bleiben.

9.7 ■ Zusammenfassung

- ■ Gäste wollen generell wie Könige behandelt werden und mit einem freundlichen, ehrlichen Lächeln begrüßt werden.

- ■ Eine freundliche, zuvorkommende Art kann manch brenzlige Situation im Gästeumgang entschärfen. Nicht zu verwechseln mit offen gezeigter Angst vor dem Gast oder Unterwürfigkeit – dies wäre kontraproduktiv.

- ■ Neben der jeweiligen Landessprache gilt Englisch (inzwischen weltweit anerkannte Hotelsprache) als vorausgesetzte berufliche Qualifikation. Weitere Fremdsprachenkenntnisse sind selbstverständlich von Vorteil.

- ■ Der meist vorzufindende Nationalitätenmix unter dem Hotelpersonal sollte sinnvoll bei der Gästebetreuung genutzt werden. So kann nahezu jedem Gast in seiner jeweiligen Landessprache weitergeholfen werden.

- ■ Die Arbeitsbelastung setzt sich aus täglich wechselnden Arbeitsprozessen und Anforderungen zusammen. Belastbarkeit äußert sich, indem sich der Mitarbeiter von kurzfristigen Anfragen oder Änderungen (eventuell sogar außerhalb der regulären Arbeitszeit) nicht stressen lässt, sondern auch dann immer noch Spaß an seiner Arbeit hat.

■ Je motivierter ein Mitarbeiter ist, desto belastbarer wird er sein.

■ Teamorientierung ist eines der simpelsten und doch wirkungsvollsten Erfolgsrezepte der Hotellerie. Dazu gehört insbesondere der regelmäßige und organisierte Informationsaustausch. Zum Tragen kommt dieses Bestreben unter anderem im Rahmen der nahezu immerwährenden Teamformierung aufgrund der branchenüblich hohen Mitarbeiterfluktuation.

■ Professionelles Beschwerdemanagement dient nicht nur der kontinuierlichen Verbesserung der Servicequalität sondern ebenso der langfristigen Kundenbindung. Wird einer Beschwerde richtig und ebenso konsequent wie systematisch begegnet, kann ein negatives durchaus in ein positives Image gewandelt werden.

■ Beschwerden sind nicht als Schikane durch einzelne Gäste, sondern als Chance auf das Herausstellen eines professionellen Managementstils zu sehen und dementsprechend anzugehen.

■ Durch die Etablierung eines typischen Käufermarktes im MICE sehen sich Hotels durchaus genötigt, ihre Arbeitsprozesse nach den Kundenansprüchen auszurichten. Ein Praxisbeispiel ist die Reaktion zahlreicher Luxushotels auf die Einführung des sogenannten „Pharmakodex". Da auf dessen Grundlage Pharmakonzerne ihre Tagungen und Präsentationen nicht in 5-Sterne-Hotels abhalten dürfen, treten bisherige 5-Sterne-Hotels unter Beibehaltung ihrer Servicequalität sowie ihrer Preise von der Klassifizierung zurück.

■ Hotels sollten also weg von der Betriebsblindheit und hin zum Verständnis für die sich regelmäßig ändernden Kundenansprüche. Erfolgreiche Hotels zeigen dies beispielsweise im geänderten Angebot: Kunden wollen statt der tausendfach durchgeführten klassischen Tagungen den Einbau von Event-Elementen (angefangen von der Eventlocation, über ein organisiertes Rahmenprogramm bis hin zur Komplettbetreuung eines Motto-Events). Im Trend sind dabei momentan Tagungen im besonderen Ambiente von Clubs, die durch ihre südlichen Destinationen das Arbeiten mit Urlaubsflair versüßen.

Glossar

■ Fachbegriffe von A bis Z

Da im Event-Management wie allgemein in der Hotellerie üblich v.a. auch englische Fachbegriffe verwendet werden, erfolgt an dieser Stelle neben einer reinen Übersetzung die
Erklärung der Begriffe.

Abrufkontingent

Unter Abrufkontingent („call-in-allotment") versteht man die gängige Form der Reservierung von Gruppenzimmern bei Kongressen und anderen Großveranstaltungen. Hier
wird eine definierte Anzahl von Zimmern im Rahmen einer *Tentativ-Reservierung* unter
einem bestimmten Stichwort oder einer Code-Nummer buchbar gemacht. Die Teilnehmer
der Veranstaltungen schließen bei der Buchung einen individuellen Reservierungsvertrag
mit dem Hotel ab. In der Regel ist das Kontingent mit einem Schlussdatum (cut off date)
versehen, an dem nicht abgerufene Zimmer in den freien Verkauf zurückfallen.

Allgemeine Geschäftsbedingungen (AGB)

AGB sind Vertragsbedingungen, die eine Vertragspartei der anderen Vertragspartei vor-
formuliert auferlegt. Derjenige, der die AGB vorgibt, ist der Verwender, wenn er in Aus-
übung seiner gewerblichen oder beruflichen Tätigkeit handelt. Das AGB-Gesetz schützt
den Kunden, insbesondere den Endverbraucher, nicht etwa den Verwender. Das AGB-
Gesetz formuliert nicht, was in den AGB stehen kann, sondern nur, was nicht in den AGB
enthalten sein darf. Ob eine AGB-Formulierung tatsächlich rechtmäßig ist, zeigt sich in
aller Regel erst, wenn erfolglos dagegen prozessiert wurde. Die Einbeziehung der AGB
erfolgt im Gastgewerbe regelmäßig dadurch, dass bereits mit der Angebotserstellung
auch die AGB als Teil des Angebots übergeben werden. Darüber hinaus können sie durch
gut sichtbaren Aushang, der vor der eigentlichen Leistungserbringung für den Gast
wahrnehmbar sein muss, zum Gegenstand des Vertrags werden. Nicht ausreichend wäre
beispielsweise die AGB im Hotelzimmer auszulegen, da der Gast beim Betreten des Hotel-
zimmers in der Regel schon den Beherbergungsvertrag abgeschlossen hat.

Bankettleiter

Der Bankettleiter ist ein Mitarbeiter des Hotels oder Restaurants, der mit der Planung,
Vermarktung und Leitung von gastronomischen Veranstaltungen (z.B. Banketts, Tagungen) in Hotels, Kongresszentren und ähnlichen Einrichtungen mit Veranstaltungsräumen
betraut ist. Der Bankettleiter berät Gäste (z.B. anlässlich einer Hochzeit oder einer Produktpräsentation) über Speisenfolgen und Getränke, macht Vorschläge zur Gestaltung der
Festtafel und zur Bestuhlung. Entsprechend den Wünschen der Auftraggeber kalkuliert
er die Kosten, plant den Personaleinsatz und sorgt insgesamt für den reibungslosen

Ablauf einer Veranstaltung. Bankettleiter benötigen Führungskompetenz, Organisationstalent und Verhandlungsgeschick. Da sie häufiger Gästekontakt haben, sind auch Kommunikationsfähigkeit, ein gepflegtes Äußeres und perfekte Umgangsformen gefragt. Mögliche Zugangsberufe sind: Hotelfachmann, Hotelkaufmann, Restaurantfachmann, Systemgastronom, Restaurantmeister, Hotelmeister oder Studium im Bereich Hospitality Management.

Benchmarking

Benchmarking (engl. = Maßstäbe suchen, Leistungsvergleich) ist ein kontinuierlicher, systematischer Prozess, in dem eigene Produkte, Dienstleistungen und Praktiken zu führenden Unternehmen in Relation gesetzt werden. Im Gegensatz zur Konkurrenzanalyse werden die eigenen Leistungen auch mit branchenfremden Unternehmen verglichen. Benchmarking ist somit ein Analyseinstrument, das strategische und operative Optionen zeigt. Man unterscheidet das interne, branchenbezogene und branchenübergreifende Benchmarking.

Benchmark-Pricing

Unter Benchmark-Pricing versteht man einen Prozess, bei dem neben dem reinen Angebotsvergleich auch der Preis der angebotenen Leistungen in Relation gesetzt wird.

Block

Ein Block enthält eine bestimmte Anzahl von Zimmern, die für den Verkauf nicht mehr zur Verfügung stehen (aus dem Inventar genommen werden), da sie tentativ oder fest gebucht wurden (meist für eine Gruppe).

Break-Even

Die Break-Even-Analyse ist eine Methode zur Ermittlung jener Absatzmenge, bei der ein Anbieter seine Kosten gedeckt hat und im weiteren Verlauf in die Gewinnzone eintritt. Der Break-Even ist der Punkt, an dem Fixkosten von den durch den Verkauf erzielten Deckungsbeiträgen vollständig abgedeckt werden; entsprechend wird bei Unterschreitung ein Verlust realisiert. Berechnung des Break-Even-Punktes: BEP (Stück) = Fixkosten / DB, wobei DB = Preis – variable Kosten. Soll zusätzlich ein bestimmter Mindestgewinn erzielt werden, ändert sich die Formel in: BEP (Stück) = (Fixkosten + Gewinn) / DB.

Breakout-Rooms

Breakout-Rooms sind kleinere Tagungsräume, die bei Veranstaltungen zusätzlich zum Haupt-Tagungsraum gebucht werden. Die Tagungsteilnehmer werden zu Gruppenarbeiten (Workshops) in kleinere Teilgruppen aufgeteilt. Diese Gruppenarbeiten finden in den Breakout-Rooms statt.

Call-in-allotment
Siehe „Abrufkontingent"

Ceiling
Die Ceiling beschreibt die Höhe des Zimmerkontingents, das generell Gruppenbuchungen vorbehalten ist und somit nicht für Individualbuchungen zur Verfügung steht.

Check-In
Unter Check-In versteht man die Aufnahme des Gastes im Beherbergungsbetrieb. Mit dem Check-In wird die Gastrechnung eröffnet.

Check-Out
Unter Check-Out versteht man das Verlassen des Beherbergungsbetriebs durch den Gast. Mit dem Check-Out wird die Gastrechnung abgeschlossen und kassiert bzw. der Rechnungsadresse zugestellt.

Controller
Als Controller bezeichnet man in der Hotellerie den Leiter der (Finanz-)Buchhaltung.

Customer Relationship Management (CRM)
Unter CRM werden sämtliche Maßnahmen der Analyse, Planung, Durchführung und Kontrolle zusammengefasst, die der Initiierung, Stabilisierung, Intensivierung und Wiederaufnahme von Geschäftsbeziehungen zu den Kunden dienen. Strategisches Oberziel eines kundenbezogenen CRM ist es, die Anziehungskraft einer einmal erzielten Kundenzufriedenheit zu nutzen, um die Bereitschaft eines Kunden zum Anbieter- bzw. Markenwechsel zu verringern und damit einhergehend dessen Wiederkaufrate zu erhöhen. Weitere Ziele sind die Immunisierung gegenüber den Angeboten der Wettbewerber, die Verringerung der Preissensitivität der Konsumenten, der Aufbau von Markteintrittsbarrieren sowie der Risikoreduktion durch die aktive Gestaltung eines ausgewogenen Kundenportfolios, das sowohl Stammkunden als auch Neukunden umfasst. Häufig auch als Relationship Marketing oder Clienting bezeichnet.

Cross Training
In der Hotellerie versteht man unter Cross Training den zeitlich begrenzten Einsatz von Mitarbeitern in fremden Abteilungen. Dadurch soll ihr Blick sowie ihr Verständnis für Aufgabenbereiche anderer Abteilungen geschärft und in der Folge ein Gesamtverständnis für die Notwendigkeit der reibungslosen Zusammenarbeit aller Abteilungen für eine erfolgreiche Leistungserstellung ermöglicht werden.

Deposit

Unter Deposit (engl. = Anzahlung) versteht man die Anzahlung auf einen Rechnungsbetrag; meist Voraussetzung, um eine Reservierung zu garantieren.

Deutsche Hotelklassifizierung

Die Deutsche Hotelklassifizierung ist eine Klassifizierung nach einem in Deutschland bundesweit einheitlichen System, die vom Deutschen Hotel- und Gaststättenverband (DEHOGA) nach diversen Vorläufermodellen einzelner Landesverbände seit Herbst 1996 mit dem Markenprodukt „Deutsche Hotelklassifizierung" vorgenommen wird. Dabei werden ausschließlich objektive Kriterien wie Zimmerausstattung und Dienstleistungsangebot bewertet; subjektive Eindrücke werden grundsätzlich nicht berücksichtigt. Für die Deutsche Hotelklassifizierung besteht markenrechtlicher Schutz. Die Klassifizierung erfolgt auf freiwilliger Basis. Deshalb kann jeder Betrieb selbst entscheiden, ob er sich an dem Verfahren beteiligen möchte. Ein Ausstieg ist zu jeder Zeit möglich. Aufgrund der Transparenz der Kriterien der Deutschen Hotelklassifizierung kann jeder Betrieb im Vorhinein ermitteln, in welche Kategorie er eingestuft werden wird. Beteiligen können sich Beherbergungsbetriebe mit mehr als acht Betten, neben den klassischen Hotels also auch Hotels Garni, Gasthöfe und Pensionen. Die Deutsche Hotelklassifizierung kennt 19 Mindestkriterien, die mit zunehmender Anzahl der Sterne höhere Anforderungen stellen. Hinzu kommen entsprechende Mindestpunktzahlen aus den Bereichen Gebäude/Raumangebot, Einrichtung/Ausstattung, Service, Freizeit, Angebotsgestaltung sowie hauseigener Tagungsbereich. Es gilt das Prinzip: Je mehr Sterne, desto mehr Merkmale müssen vorhanden sein. Die Beherbergungsbetriebe werden in fünf Sterne-Kategorien eingeteilt: * Tourist, ** Standard, *** Komfort, **** First Class, ***** Luxus. Zur genaueren Unterscheidung gibt es zudem die Bezeichnung „Garni" oder den Zusatz „Superior". Letzterer kennzeichnet innerhalb einer Kategorie die Spitzenbetriebe, die deutlich mehr Wertungspunkte haben, als sie benötigen. Mit der organisatorischen Durchführung der Deutschen Hotelklassifizierung haben die Landesverbände des DEHOGA in der Regel eigene Gesellschaften beauftragt. Vielfach sind die Landesverbände im DEHOGA hierzu Kooperationen mit ihren Tourismusorganisationen oder den regionalen Industrie- und Handelskammern eingegangen. Die Auswertung erfolgt anhand eines Bewertungsbogens, den der Hotelier ausfüllt. Dieser wird per elektronischer Datenverarbeitung ausgewertet und die Betriebe in fünf international übliche Sterne-Kategorien eingeteilt. Die Klassifizierung hat eine begrenzte Gültigkeit und muss regelmäßig wiederholt werden.

ERFA-Gruppe

Eine ERFA-Gruppe (= Abk. für Erfahrungsaustauschgruppe) führt regelmäßige Treffen von Interessengruppen (z. B. Unternehmer) durch, um die Kommunikation zu fördern und die betriebliche Gegenwart zu diskutieren. Von Hoteliers und Gastronomen wird diese Art des Austausches für sehr wichtig erachtet, da Beziehungen geknüpft und Probleme innerhalb der Branche schneller gelöst werden können. Für Existenzgründer und Jungunternehmer sind Beratungsgespräche sowie Auskünfte über Kreditprogramme und Finanzierungshilfen hilfreich. ERFA-Gruppen gehören z. B. zum Leistungsangebot des Hotelverband Deutschlands (IHA). Auch andere Vereine (z. B. HDV), Verbände (z. B. DEHOGA) und Gruppierungen (z. B. IHK) initiieren bzw. unterstützen solche Treffen und bieten darüber hinaus branchenspezifische Seminare an.

Event

Unter Event (engl. = Ereignis) versteht man eine inszenierte Veranstaltung in meist ungewöhnlicher Umgebung (Eventlocation), die Gäste durch ihre emotionale Ansprache aktivieren soll. Klassische Events sind z. B. der Tag der offenen Tür mit einem Veranstaltungsprogramm, Konzerte oder Sommerfeste sowie Sonderveranstaltungen auf Messen. Events werden auch zur Markeneinführung von Produkten veranstaltet (z. B. Produktpräsentationen einer neuen Automarke) und bewusst als Freizeitangebote geplant, um Spaß und Spiel mit dem Unternehmensnamen zu verbinden. Eine breite öffentliche Aufmerksamkeit ist beabsichtigt (Presse-, Fernseh- und Hörfunkberichterstattung).

Eventlocation

Eine Eventlocation ist ein meist außergewöhnlicher Ort für Feste, Filmaufnahmen sowie sonstige Veranstaltungen bzw. Events, welche die Teilnehmer begeistern sollen. Da der richtige Ort einen wesentlichen Einfluss auf den Erfolg einer Veranstaltung hat, werden für deren Suche teilweise sogenannte Location Scouts oder Agenturen in Anspruch genommen.

F&B (Food & Beverage)

Unter dem Begriff F&B (engl. = Essen und Getränke) werden sämtliche gastronomische Aktivitäten von größeren gastgewerblichen Betrieben zusammengefasst.

F&B-Management

F&B-Management bedeutet Planung, Durchführung und Kontrolle aller gastronomischen Aktivitäten von größeren gastgewerblichen Betrieben. Die Leitung der Abteilung erfolgt durch den F&B-Manager, dem der Küchenchef, der Restaurantleiter, der Barchef, der Leiter des Zimmerservices und der Bankettleiter unterstellt sind. Bedingt durch den im Vergleich zum Umsatz relativ hohen Waren- und Personaleinsatz erwirtschaftet der F&B-Bereich in der Regel einen geringeren Erlös als der Logisbereich. Allerdings kompensieren Synergieeffekte in gut geführten Hotels dieses Manko. Beispiele dafür sind:

1 Bankettveranstaltungen führen zu zusätzlicher Bettenbelegung.

2 Seminare und Schulungen werden häufig nur durchgeführt, wenn die gastronomische Verpflegung gewährleistet ist.

3 Der gute Ruf eines Restaurants zieht insbesondere in der Ferien- und Geschäftshotellerie Gäste in das Hotel. Dafür sorgen u. a. überregionale Presseartikel, Fernsehauftritte des Küchenchefs und die Mund-zu-Mund-Propaganda.

4 Internationale Gäste buchen häufig lediglich Häuser, die sämtliche gastgewerblichen Leistungen auf hohem Niveau anbieten.

5 Bei der Zusammenarbeit mit Reiseveranstaltern ist das Anbieten von Voll- und Halbpension sowie All-Inclusive-Angeboten häufig ein „Muss" und damit ein wesentlicher Vertragsbestandteil.

Neben der Sicherstellung der Wirtschaftlichkeit aller gastronomischen Einrichtungen des Hotelbetriebs gehören insbesondere die Ernährungstrendanalyse und die zielgruppengerechte Angebotsplanung zu den Aufgaben des F&B-Managements. Des Weiteren sind die Optimierung des Produktionsprozesses (von der Lagerhaltung über Produktionsverfahren bis zur Ausgabe der Speisen und Getränke), die ständige Serviceverbesserung für den Gast und die Suche nach Marktchancen Aufgaben der F&B-Abteilung.

F&B-Outlet

F&B-Outlet ist der Fachbegriff für die einzelnen gastronomischen Einrichtungen eines Hotels. Beispiele sind Restaurant, Bar, Bankettabteilung.

File

File ist die englische Bezeichnung für Akte. Im Tagungs- und Event-Management wird die Bündelung der gesamten Korrespondenz sowie relevanter Unterlagen einer Veranstaltung als File bezeichnet.

Forecast versus Budget

Die aktuell vorliegenden Buchungszahlen plus der realistisch erwarteten zusätzlichen Nachfrage werden dem bereits im Rahmen des Marketingplans erstellten Budgets (Umsatzziel) gegenübergestellt. Liegen die Forecast-Zahlen unterhalb derer des Budgets, sind weitere Marketingaktionen zur Umsatzsteigerung nötig. Je näher die Erstellung des Forecasts an das tatsächliche Datum reicht, desto realistischer die Umsatzzahlen und desto kleiner der Spielraum für weitere Umsatzsteigerung.

Function

Functions (engl. = Veranstaltungen) sind die Bestandteile eines Events oder einer anderen Veranstaltung. So kann im Rahmen eines Kongresses eine Vielzahl von Workshops und Foren stattfinden. Diese werden in diesem Zusammenhang als Functions bezeichnet.

Function Room

Als Function Room (engl. = Veranstaltungsraum) wird in einem Hotel der Raum bezeichnet, der für Veranstaltungen genutzt wird. Wichtig ist in diesem Zusammenhang die Professionalisierung durch Spezialisierung. Gastgewerbliche Unternehmen mit multifunktionalen Räumen verlieren zugunsten derjenigen Betriebe an Bedeutung, die ihre Veranstaltungsräume auf einen Zielmarkt abgestimmt haben (Tagungsraum, Raum für Produktpräsentationen, Raum mit spezieller Kommunikationstechnologie etc.).

Function Sheet

Das Function Sheet (engl. = Veranstaltungsblatt) ist ein schriftlich dokumentierter Auftrag, der im Rahmen eines Veranstaltungsverkaufs verfasst wird. Er umfasst in der Regel folgenden Inhalt: laufende Nummer des Auftrags, Anschrift und Telefonnummer des Veranstalters, Datum, Anlass, Art der Veranstaltung, Raummiete, Anzahl der Personen, Dauer der Veranstaltung, benötigte Technik, Tischform und Tischwäsche, Tischdekoration, Art der Menükarten, ausgewähltes Essen und Getränke, Veranstaltungsablauf, Servierart, Musik, Preis, benötigte Hotelzimmer (mit Preis) sowie die Unterschriften des Veranstalters und des verantwortlichen Mitarbeiters (z. B. Veranstaltungsleiter). Das Function Sheet wird vervielfältigt und an die für den Ablauf verantwortlichen Abteilungen (Küche, Service, Bankett etc.) zur Kenntnisnahme weitergeleitet. Eine nahezu identische Gestaltung findet sich auch unter der Bezeichnung Banquet Event Order BEO.

Front Office

Synonym für Rezeption.

Guest Relation Manager

Der Guest Relation Manager ist ein Mitarbeiter eines Hotels, der für die Gästebetreuung während des Hotelaufenthalts zuständig ist. Die Position ist meist nur in Grand Hotels (Luxushotellerie) zu finden. Die Qualifikation für einen Guest Relation Manager erfolgt vorwiegend über eine Ausbildung im Hotel- und Gaststättengewerbe oder ein Studium der Betriebswirtschaftslehre mit Schwerpunkt Hospitality Management bzw. Public Relations. Im Allgemeinen verstehen sich Guest Relation Manager als direkte Ansprechpartner für Gäste und als Problemlöser. Das Beschwerdemanagement gehört in vielen Hotels ebenfalls zu ihren Aufgabengebieten.

Housekeeping

Housekeeping ist die Fachbezeichnung für die Hausdamenabteilung. Die Hausdamen-abteilung kümmert sich in Hotels um das Hauptprodukt des Hotels – die Gästezimmer sowie alle externen, vom Gast genutzten Räumlichkeiten.

Implant

Ein Implant ist ein Reisebüro (z. B. TQ3) in einem fremden Unternehmen, das den Geschäfts-reiseverkehr für das Unternehmen abwickelt und seine Einkünfte im Wesentlichen durch die Provisionszahlungen der Leistungsträger (Hotels, Verkehrsträger etc.) generiert.

Incentive

Unter Incentive (engl. = Anreiz) versteht man eine Prämie zur Motivationsförderung von verdienten Mitarbeitern. Für das Erreichen von gesetzten betriebsbedingten Zielen werden Mitarbeitern zur Verkaufsförderung und Motivation Leistungsanreize in Form von materi-ellen (Geld, Reisen etc.) oder immateriellen (Dankesschreiben, titelartige Bezeichnungen etc.) Zuwendungen gegeben. Als Incentives werden zudem Veranstaltungen bzw. Angebote bezeichnet, (z. B. exklusive Reiseveranstaltungen, Events) die konzipiert werden, um die Motivation von Wiederverkäufern zu erhöhen.

Intermediary

Im Bereich Tagungs- und Eventmanagement versteht man unter einem Intermediary eine Agentur, die im Kundenauftrag die (komplette) Veranstaltungsorganisation über-nimmt. Die Abrechnung erfolgt durch Kommissionszahlungen oder durch die Weitergabe von Nettoraten.

Key Account

Ein Key Account (engl. = Schlüsselkunde) ist ein Kunde, der von größter ökonomischer Bedeutung für das Unternehmen ist. In der gängigen Fachliteratur werden Key Accounts auch mit der 20/90-Regel von Vilfredo Pareto definiert (20 % der Kunden (= A-Kunden in der ABC-Analyse) repräsentieren 80 % des Umsatzes).

Key Account Management

Unter Key Account Management versteht man die Pflege der Beziehungen zu den „Schlüssel-kunden" durch den Aufbau eines systematischen Beziehungs- und Betreuungsmanage-ments hinsichtlich dieser Zielgruppe. Key Accounts zeichnen sich gegenüber dem Hotel durch ihre Nachfragemacht sowie den wiederkehrenden Bedarf an Übernachtungen oder Veranstaltungskapazitäten aus. Einer möglichst kleinen Anzahl dieser Kunden wird jeweils ein Key Account Manager zugeordnet, der als zentraler Verhandlungs- und Koordinationspartner fungiert. Er entwickelt beispielsweise kundenspezifische Marketingkonzepte sowie -aktionen, pflegt und sichert den Kundenkontakt und übermittelt Kundenwünsche an interne Stellen.

Management

Unter Management (lat. manum agere – an der Hand führen) versteht man die Führung bzw. Leitung eines Unternehmens. Management im institutionalen Sinn steht für die Personengruppe, die eine Organisation führt, während im funktionalen Sinn der Begriff Management für die damit verbundenen Tätigkeiten und Aufgaben steht. Das Unternehmen ist ein soziales System, in dem natürliche Personen Führungsaufgaben wahrnehmen. Die Aufgabe von Führungskräften ist das Schaffen von Potenzialen zur kontinuierlichen Weiterentwicklung des Unternehmens zum Wohle der Organisation und aller daran beteiligten Anspruchsgruppen (Stakeholder) unter Einsatz der zur Verfügung stehenden betrieblichen Ressourcen (Produktionsfaktoren).

Market Code

Durch Market Codes wird vom Hotel eine Kategorisierung der Kunden in entsprechende Segmente (z. B. Privatreisende, Tagungsgäste) vorgenommen. Wird jeder Buchung ein Market Code zugeordnet, kann später eine Datenanalyse als Grundlage für Marketingstrategien durchgeführt werden.

Meeting Planner

Ein Meeting Planner ist eine Person, die mehr als 50 % ihrer täglichen Arbeitszeit mit der Organisation von Events, Meetings und ähnlichen Veranstaltungen verbringt.

MICE

Unter MICE (engl. Abk. für Meeting, Incentive, Convention und Exhibition) versteht man einen Teilsektor des Geschäftstourismus, der sich auf das Messen-, Tagungs- und Veranstaltungsgeschäft konzentriert.

No Show

Als No Show (engl. = Nichterscheinen) bezeichnet man einen Gast, der reserviert hat und ohne zu stornieren nicht angereist ist. Es besteht die Möglichkeit, ihm eine sogenannte No-Show-Gebühr in Rechnung zu stellen, nach der ein prozentualer Anteil vom vereinbarten Preis zu zahlen ist:

1. Bis zu 80 % (wenn nur eine Beherbergungsleistung gebucht wurde; ein eventueller Frühstückspreis ist herauszurechnen)

2 Bis zu 70 % (bei Halbpension)
3 Bis zu 60 % (bei Vollpension)

Rechtlich stellt die No-Show-Rechnung einen Schadensersatz wegen Nichterfüllung dar. Der Gerichtsstand für eine Einklagung der Forderung ist der Wohnsitz des Schuldners – im Gegensatz zur Klage bei Erscheinen des Gastes, bei der der Erfüllungsort (Ort des Hotels) maßgeblich für den Gerichtsstand ist.

Operations
Siehe „operative Abteilungen"

Operative Abteilungen
Die operativen Abteilungen sind im Hotelgefüge die „ausführenden Abteilungen", also diejenigen, die in direktem Gästekontakt stehen. Sie bilden den Gegensatz zu den administrativen Abteilungen. Beispiele für Operative Abteilungen sind Front Office, F&B, Housekeeping.

Pharmakodex
Der Pharmakodex ist der Kodex der Mitglieder des Vereins "Freiwillige Selbstkontrolle für die Arzneimittelindustrie e. V." für die Zusammenarbeit der pharmazeutischen Industrie mit Ärzten. Grundgedanke aller rechtlichen und freiwilligen Vereinbarungen der Arzneimittelhersteller und Verbände ist, dass Ärzte in ihren Therapieverordnungen und Beschaffungsentscheidungen nicht in unlauterer Weise beeinflusst werden dürfen. In Deutschland hat dies vor allem die Fünf-Sterne-Hotellerie betroffen, da die Pharmaunternehmen keine Ärzte-Veranstaltungen mehr in dieser Kategorie von Hotels durchführen können.

Professional Congress Organizer (PCO)
PCOs sind Agenturen, die sich als Mittler darauf spezialisiert haben, Veranstaltungen oder Kongresse im Auftrag von Unternehmen zu organisieren. Hier gibt es verschiedene Vergütungsmodelle, wie z. B. die Handling Fee oder Kommissionen.

Profit Center
Profit Center ist die Bezeichnung für einen Teilbereich eines Unternehmens, für den ein eigener Periodenerfolg ermittelt wird, indem der Erlös eines Geschäftsbereichs den entsprechenden Kosten gegenübergestellt wird. Bedingt durch die leistungsorientierte, periodengerechte Beurteilung können Teilbereichsaktivitäten von Unternehmen besser gesteuert und auf deren Profitabilität hin überprüft werden. Ziel ist, dass Profit-Center wie selbständige Unternehmen geführt werden und diese eine eigene Gewinn- und Ver-

lustrechnung oder sogar Bilanz erstellen. Wirtschaftlich erfolgreiche Unternehmen können auf diesem Wege von Verlustbringern getrennt und einzelbetriebswirtschaftlich betrachtet werden.

Proforma-Rechnung

Dem Kunden wird bereits vor der Veranstaltung „proforma" eine Rechnung über sämtliche zu erwartenden Kosten erstellt. Auf deren Basis errechnet sich der zumeist prozentuale Anzahlungsbetrag.

Relationship Marketing

Unter Relationship Marketing (engl. für Beziehungsmarketing) versteht man den Umgang eines Unternehmens mit Kundenbeziehungen und anderen Anspruchsgruppen (Stakeholder). Nach Bruhn umfasst Beziehungsmarketing „sämtliche Maßnahmen der Analyse, Planung, Durchführung und Kontrolle, die der Initiierung, Stabilisierung, Intensivierung und Wiederaufnahme von Geschäftsbeziehungen zu den Anspruchsgruppen – insbesondere zu den Kunden – des Unternehmens mit dem Ziel des gegenseitigen Nutzens dienen".

Request for Proposal (RFP)

Im RFP (engl. = Bitte um Angebot) werden vom Kunden oder Intermediary sämtliche Eckdaten der geplanten Veranstaltung aufgeführt und als Veranstaltungsanfrage an das Hotel (zumeist online) gesendet.

Rooms Division

Rooms Division ist der Fachbegriff für die Logisabteilung, meist als Profit Center geführt, die in dieser Konstellation vornehmlich in US-amerikanischen Hotelkonzernen zu finden ist. Sie umfasst die Rezeption, die Reservierungsabteilung und die Telefonzentrale. Vereinzelt wird auch die Hausdamenabteilung zur Rooms Division hinzugezählt.

Rooms Division Manager

Der Rooms Division Manager ist der Leiter der Abteilung Rooms Division.

Rooms Grid

Unter Rooms Grid versteht man die tabellarische Auflistung der angefragten, gebuchten oder tatsächlich belegten täglichen Zimmer im Rahmen einer Veranstaltung.

Sales & Marketing

Synonym für Verkaufs- und Marketingabteilung.

Schufa-Auskunft

Die SCHUFA (Schutzgemeinschaft für allgemeine Kreditsicherung) gibt Auskunft zur Kreditwürdigkeit von Einzelpersonen und Firmen. Die Hotellerie kann sich durch das Anfordern einer Schufa-Auskunft vom Kunden vor möglichen absehbaren Zahlungsausfällen schützen.

Slippage-Report

Im Slippage Report werden nach Veranstaltungsende die gebuchten Leistungen (insbesondere die Personenzahl bei Tagungspauschalen und die Übernachtungen) mit den tatsächlich genutzten verglichen. Ist ein Rückgang der Personen- oder Zimmerzahl zu verzeichnen, so ist abzuklären, ob die Reduktion fristgerecht und damit kostenfrei erfolgt ist oder ob Storno- bzw. No-Show-Kosten in Rechnung gestellt werden.

Social Events

Unter Social Events versteht man nicht-geschäftliche Feiern, z. B. Familienfeiern, Hochzeiten, Galas etc.

SWOT-Analyse

Die SWOT-Analyse ist ein Werkzeug des strategischen Managements, mit dessen Hilfe Stärken, Schwächen, Möglichkeiten und Grenzen des unternehmerischen Handelns analysiert werden können. Ergebnis einer strategischen Analyse ist die SWOT-Analyse (engl. Akronym für Strengths-Weaknesses-Opportunities-Threats), bei der die unternehmensspezifischen Chancen- und Risikopotenziale aufgezeigt werden. Eine derartige Gegenüberstellung verdeutlicht, ob eine interne Stärke (Schwäche) des Unternehmens auf eine günstige (ungünstige) externe Unternehmensentwicklung trifft und erlaubt entsprechend Rückschlüsse auf die potenziellen Erfolgspositionen, die ein Hotel im Wettbewerb strategisch besetzen und verteidigen kann (der Umkehrschluss gilt entsprechend).

Taste Panel

Beim Taste Panel haben Mitarbeiter die Möglichkeit, das kulinarische Angebot für die Gäste selbst zu testen. Dies hat v. a. zwei Zielsetzungen:

1. Feedback für die Küche bzw. das Servicepersonal.

2. Bessere Produktkenntnis und somit größeres Beratungspotenzial der Event-Mitarbeiter.

Teambuilding

Teambuliding hat im Allgemeinen die interne Mitarbeiterkommunikation und Gruppendynamik im Kundenunternehmen zur Zielsetzung. Dies wird durch spezielle Trainingsmethoden und teilweise nicht-alltägliche Anforderungen (z. B. Hochseilgarten oder Kochkurs) fernab vom Büroalltag erreicht werden.

Tentativ-Reservierung

Eine Tentativ-Reservierung wurde unter Vorbehalt getätigt (Option). In der Regel bestehen zwei vertragliche Möglichkeiten:

1. Bis zu einem bestimmten Zeitpunkt erfolgt die feste Buchung, sonst ist die Reservierung hinfällig.

2. Bis zu einem bestimmten Zeitpunkt erfolgt die Stornierung, sonst wird aus der tentativen eine feste Buchung.

Unique Selling Proposition (USP)

Der USP (engl. = einmaliges Verkaufsargument) beschreibt das Ziel des Bestrebens von Unternehmen, ein einzigartiges und genau definiertes Leistungsversprechen abzugeben, welches dem Kunden im Vergleich zu Mitbewerbern einen überragenden Produkt- oder Dienstleistungsnutzen bietet.

Upgrade

Upgrade (engl. = Aufrüstung, Verbesserung) bezeichnet die Einstufung bzw. Einbuchung des Gastes in eine höhere (Hotel-)Kategorie.

Vakanzprüfung

Unter Vakanzprüfung versteht man den Abgleich des Reservierungsleiters von Anfrage und verfügbaren Zimmern.

VIP

Ein VIP (engl. Abk. für very important person) ist ein Gast, der für das Hotel oder Restaurant, beispielsweise aufgrund seines Bekanntheitsgrades oder Umsatzvolumens, sehr wichtig ist (Schauspieler, Politiker, Stammgast etc.) und in der Regel bevorzugt behandelt wird.

Web 2.0

Web 2.0 ist ein Oberbegriff für neue interaktive Techniken und Dienste im Internet, die die geänderte Wahrnehmung des Internets sowie die Fokussierung auf interaktive Online-Communities berücksichtigen. Dabei werden den Nutzern auf weitgehend integrierten Web-Plattformen Anwendungen und Daten unterschiedlichster Art zur Verfügung gestellt. Web 2.0 folgt der Tendenz zu größerer Benutzerfreundlichkeit und stärkerer sozialer und kommunikativer Ausrichtung des Internets.

Yield Management

Yield (engl. = Ertrag oder Ergebnis) Management ist ein Instrument zur Ertragsoptimierung, das hauptsächlich in der Hotellerie und der Flugindustrie angewandt wird. Die zugrunde liegenden Überlegungen sind:

1 Jedes Dienstleistungsangebot ist zu unterschiedlichen Zeiten (z. B. Messe, Wochenende, Ferienzeit) für unterschiedliche Nachfrager unterschiedlich viel wert.

2 Jede heute nicht verkaufte Übernachtung/Dienstleistung ist unwiederbringlich verloren.

3 Nicht die 100-prozentige Auslastung des Beherbergungsbetriebs, sondern die Erzielung des größtmöglichen Durchschnittsertrags pro Hotelzimmer steht im Mittelpunkt.

Die zeitlich begrenzt vorhandenen Kapazitäten sollen im Idealfall den höchstmöglichen Zimmer- oder Sitzplatzertrag generieren. Daraus resultiert ein ständiges Steuern der Nachfrage über den Preis. So werden in der internationalen Ferienhotellerie Zimmer mit Frühbucher-Rabatt verkauft, um durch die Frühbucher baldmöglichst einen gewissen Auslastungsgrad zu erhalten. In die Preisgestaltung des Yield Managements fließen Daten über das Buchungsverhalten von Hotelgästen in der Vergangenheit (History), das aktuelle Tagesgeschehen (Buchungssituation und mögliche Walk-Ins) sowie ein ständiger Ausblick in die Zukunft (Forecast) ein. Es schafft die Grundlage für die Budgeterstellung und muss in alle Marketingaktivitäten integriert sein. Gut praktiziertes Yield Management schafft eine gleichmäßige Auslastung auch bei stark schwankender Nachfrage. Es kann unterschieden werden in:

1 Computergestütztes Yield Management

2 CRS-, GDS- und internetgestütztes Yield Management

3 Outgesourctes Yield Management

Hotelleriespezifisches Yield Management kann zusammenfassend als dynamische, deckungsbeitragsorientierte Preispolitik im Logisbereich bezeichnet werden.

Zielgruppe

Eine Zielgruppe beschreibt eine von der Marketingabteilung oder vom Unternehmer festgelegte Auswahl von Marktteilnehmern, an die sich ein Angebot oder eine Maßnahme richtet (Familien, Geschäftsreisende etc.). Die Auswahl einer Zielgruppe kann über soziodemografische Merkmale (z. B. Alter, Familienstand, verfügbares Haushaltseinkommen etc.) oder über ihre psychografischen Merkmale (z. B. Einstellungen und Werte mit dem daraus resultierenden Konsumverhalten, Vorlieben, Statusbewusstsein, Offenheit, ästhetisches Empfinden etc.) erfolgen.

   Quelle: Gruner, A. (Hrsg.): Management-Lexikon Hotellerie & Gastronomie, Frankfurt am Main 2008

Checklisten und Service 11

Hotel XY – Event-Anfrage

Kontaktdaten

Firma

Ansprechpartner

Abteilung/Position

Adresse

Telefon/Fax

E-Mail

Internet

Entscheidungsträger

vorangegangene
Buchungsanfragen

potenzielle Konkurrenz-Hotels

Anmerkungen

Event

Gruppen-/
Veranstaltungsname

Veranstaltungsart

Eventdetails

Wochentag

Datum

Anzahl Hotelzimmer

Anzahl Personen

Uhrzeit

Abendveranstaltung?

Tagungsraum	Parlamentarisch	Theater	U-Form	Konferenz	Cabaret	Bankett	Empfang
Ausstattung	Empfangstisch	Podium	Vorstandstisch	Rednerpult	Tanzfläche		
Tagungstechnik	Overhead	Beamer	Dia-Projektor	Leinwand	Pinnwand	Whiteboard	Internet
F&B	Pauschale	Willkommenskaffee		Kaffeepausen	Tagungsgetränke	Mittagessen	Abendessen
	Empfang	Aperitif	Snack				

Zusatzinformationen

Preisobergrenze				
Alternativdaten		Zahlungsart	selbst	Gesamtrg.
Entscheidungsdatum		Reservierungsart	selbst	Namensliste

Angebot

Verfügbarkeit Zimmer	Ja	Nein	Verfügbarkeit Event	Ja	Nein
Zimmerpreis			Eventpreis		

Notizen

Hotelinformation	Name	Datum	Uhrzeit

■ Fragebogen für telefonische oder persönliche Anfragen 11.1

Die vorgestellte, beispielhafte „Event-Anfrage" sollte von jedem Hotel individuell angepasst und aufgearbeitet werden. Dabei ersetzen hotelspezifische Gegebenheiten wie besondere Tagungsräumlichkeiten (z. B. Kellergewölbe, ausgebaute Scheune, Dachterrasse) und Dienstleistungen (z. B. Flughafentransfer, individuelle Tagungstechnik, Abendveranstaltung im hauseigenen Theater, Wellness-Rahmenprogramm) die vorgegebenen Standard-Punkte. Die so entstandene individuelle Checkliste wird ausgedruckt und an alle Mitarbeiter im Sales & Marketing und Event-Management ausgegeben. Sie liegt somit standardmäßig neben allen betreffenden Telefonen und ist in den Repräsentationsmappen enthalten. Jede persönliche Event-Anfrage, sei es am Telefon, beim Kundentermin, während der Hausführung oder am Messestand wird fortan nach demselben Schema aufgenommen. Dies hilft zum einen dabei, die Abklärung wichtiger Eckdaten (die für die Erstellung eines professionellen und vollständigen Angebotes unerlässlich sind) im Eifer des Gefechts nicht zu übersehen. Insbesondere proaktive Verkaufsmitarbeiter, zu deren täglicher Routine die Anfragenannahme nicht gehört, sind in der Regel dankbar für diesen Gesprächsleitfaden. Zum anderen lässt eine einheitliche Anfragenannahme einen schnelleren Überblick der Eventdetails zu. Wohl jeder kennt die umgekehrte Situation aus der Praxis: Ein Verkaufsmitarbeiter nimmt die Anfrage telefonisch entgegen und notiert die seiner Meinung nach relevanten Punkte auf einem zufällig bereitliegenden Zettel, wobei Querverweise mit Pfeilen und Anmerkungen angefügt werden. Diese Notizen wird – wenn überhaupt – nach Tagen oder Wochen nur noch der Mitarbeiter selbst zu einhundert Prozent in ein vollständiges Angebot umsetzen können, in seiner Abwesenheit aber wohl kaum einer seiner Kollegen. Hier kommt es dann zu an sich vermeidbaren, peinlichen Detailrückfragen beim Kunden.

■ Absprache mit dem Gruppen-Tagungsorganisator 11.2

Ebenso wie bei der „Event-Anfrage" gilt es selbstverständlich auch hier, die „Event-Absprache" für jeden Hotelbetrieb individuell zu konfigurieren. Die allgemein gängigsten Ausstattungs- und Buchungstypen sind jedoch bereits eingearbeitet worden. Die Absprache mit dem Kunden wird mit Hilfe dieser Checkliste um ein Vielfaches vereinfacht und beschleunigt. Dies gilt insbesondere für den Fall, dass der Gesprächspartner eher unerfahren in der Eventorganisation ist und die Gefahr besteht, bei Detailfragen von den eigentlich abzuklärenden Punkten abzukommen.

Hotel XY – Event–Absprache

	Hotelzimmer	Event	Event & Hotelzimmer
Buchungsnummer			
Gruppenname			
Tagungsbeschilderung			
Datum			
Firma			
Ansprechpartner			
Ansprechpartner vor Ort			
Agentur			
Ansprechpartner			
Ansprechpartner vor Ort			
Provision			
Pre Convention Meeting			
Post Convention Meeting			
Sales Manager			
Market Code			
Reservierung			
Reservierungsart	selbst		Namensliste
Wochentag			
Datum			
Anzahl			
Zimmerkategorie			
Zimmerpreis			
Frühstück inkl.?			
Zahlungsart	selbst		Gesamtrechnung
Rechnungsadresse			
Upgrade			
Freizimmer			
Rezeption			
Ankunftszeit			
Abreisezeit			
Check-In	einzeln		Gruppe
Garantie/Kreditkarte	Ja		Nein
VIP			
Gepäcktransport			
Busparkplatz/Garage			
Gruppenplakat/Fahne			
Unterschriftsberechtigung			
Zusatzinformation			

Housekeeping
Zusatzinformation

Restaurant
Restaurantbesuch geplant
Abrechnung   einzeln   Gesamtrechnung
Unterschriftsberechtigung
Zusatzinformation

Bar
Barbesuch geplant
Abrechnung   einzeln   Gesamtrechnung
Unterschriftsberechtigung
Zusatzinformation

Bankett
Datum
Uhrzeit
Tagungsraum
Bestuhlung
Workshop
Bestuhlung
Kaffeepause vormittag
Kaffeepause nachmittag
Mittagessen
Empfang
Abendessen
Tagungstechnik
Unterschriftsberechtigung
Zusatzinformation

**geplante Ausserhaus-
Aktivitäten**
Datum/Uhrzeit
Ort
Bustransfer

**Wichtige
Gruppeninformation**

Name   Datum

Die Event-Absprache mittels der vorgestellten Checkliste sollte entsprechend frühzeitig
stattfinden, um ausreichend Zeit und Möglichkeit zu haben, die gewonnenen Informationen in aufbereiteter Form an die betroffenen Abteilungen und Ansprechpartner weiter
geben zu können.

Interne Abläufe von der Anfrage bis zur Vollendung der Veranstaltung

Wird diese Checkliste jedem Eventfile zugefügt und immer aktualisiert, so ermöglicht sie jedem Hotelmitarbeiter einen schnellen Überblick über den momentanen Buchungs- und Bearbeitungsstand. Selbstverständlich ist dies auch rein per EDV möglich, allerdings kann diese Checkliste – deren Aktualisierung nur einen minimalen Arbeitsaufwand darstellt – gerade bei EDV-Problemen und -Abstürzen von immenser Hilfe sein. Des Weiteren ermöglicht sie den reibungslosen Einstieg von Kollegen, sollte der eigentlich mit der Eventanfrage befasste Mitarbeiter beispielsweise aufgrund Urlaub oder Krankheit nicht anwesend sein. So wird sichergestellt, dass kein Schritt ausgelassen wird.

Natürlich ist keine Event-Anfrage wie die andere. Beispielsweise was die Vorlaufzeit angeht – teilweise werden Tagungskapazitäten so kurzfristig angefragt, dass keine Zeit für ein Angebot bleibt und stattdessen direkt der Vertrag versandt wird. Oder der Kunde kennt das Hotel bereits sehr gut von vorangegangenen Veranstaltungen, dass sich eine Hausführung erübrigt. Das heißt, hier werden einer oder mehrere Punkte in der Checkliste übersprungen und als nicht relevant gekennzeichnet.

Hotel XY – Event-Checkliste

	Hotelzimmer	Event	Event & Hotelzimmer
Buchungsnummer			
Gruppenname			
Tagungsbeschilderung			
Datum			
Firma			
Ansprechpartner			
Ansprechpartner vor Ort			
Agentur			
Ansprechpartner			
Ansprechpartner vor Ort			

	OK	Datum
Anfrage		
per Telefon (Antwort spätestens beim 3 Klingeln!)		
per E-Mail/Fax (ständige Eingangskontrolle bzw. Weiterleitung!)		
Checkliste Event-Anfrage ausfüllen		
am selben Tag per Fax oder E-Mail beantworten		
Nachfrage beim Kunden bzgl. weiterer Detailinformationen		
Verfügbarkeit und Raten		
Hotelzimmer		
Tagungsräume		
Kontaktdaten		
Bestand oder Neuanlage Kontaktdaten		
Überblick über zuvor angefragte/gebuchte Events		
Eventvorbereitung		
Event in der EDV anlegen		
Angebot ausarbeiten und an den Kunden senden		
Buchungsfile anlegen		
Follow-Up und Nachfrage beim Kunden		
Angebot einer Hausführung		
Vertrag ausarbeiten und an den Kunden senden		
Vertrag unterschrieben zurück?		
Event-Absprache/Pre-Con-Meeting		
Weitergabe der relevanten Informationen an die jeweiligen Abteilungen		
Vorbereitung einer Proforma-Rechnung		
Anfordern und interne Weitergabe der Namensliste		
Willkommensbrief für den Ansprechpartner		
Eventdurchführung		
persönliche Überprüfung der Tagungsräumlichkeiten		
Begrüßung des Ansprechpartners		
Kontakt zu den Abteilungen bzgl. möglicher Änderungen/Probleme		
Eventnachbereitung		
persönliches Gespräch mit dem Ansprechpartner/Feedback		
Rechnungskontrolle		
Fragebogen an den Kunden senden und entsprechend beantworten		

Wichtige Gruppeninformation

Name   Datum

■ Wichtige Branchenadressen

Verbände und Organisationen

**AUMA Ausstellungs- & Messe-
ausschuss der Dt. Wirtschaft e.V.**
Littenstraße 9
10179 Berlin
Tel. 030 24000 0
Fax 030 24000 330
www.auma.de

**DeGefest Deutsche Gesellschaft
zur Förderung und Entwicklung
des Seminar- und Tagungswesens e.V.**
Düppelstraße 1
46045 Oberhausen
Tel. 0800 22 88 227
Fax 0800 22 88 229
www.degefest.de

GCB German Convention Bureau e.V.
Münchener Straße 48
60329 Frankfurt am Main
Tel. 069 24 29 30 0
Fax 069 24 29 30 26
ww.gcb.de

MPI Germany e.V.
Crellestraße 21
10827 Berlin
Tel. 030 7676 8411
Fax 030 7676 8429
www.mpi-germany.de

**Veranstaltungsplaner.de
Vereinigung Deutscher
Veranstaltungsorganisatoren e.V.**
Friedrichstrasse 76
10117 Berlin
Tel. 030 206259 395
Fax 030 206259 479
www.veranstaltungsplaner.de

DEHOGA Bundesverband
Am Weidendamm 1a
10117 Berlin
Tel. 030 726252 0
Fax 030 726252 42
www.dehoga.de

Internetportale

www.eventmanager.de
www.the-event-site.com
www.guxme.de

■ Quellenverzeichnis und Literaturtipps

Beckmann, Klaus (Hrsg.): **Seminar-, Tagungs- und Kongressmanagement**, Berlin 2003

Behrens-Schneider, C.; Birven, S.: **Events und Veranstaltungen organisieren,** 2. Auflage, München 2007

Freyer, W.: **Tourismus – Einführung in die Fremdenverkehrsökomie**, 8. Auflage, München 2006

Gardini, M.: **Qualitätsmanagement in Dienstleistungsunternehmen – dargestellt am Beispiel der Hotellerie**, Frankfurt am Main 1997

Gardini, M. (Hrsg.): **Handbuch Hospitality Management**, Frankfurt am Main 2009

Goerke, T.: Das Bankett: **Handbuch für Profis. Von der Mise en place bis zur perfekt gedeckten Tafel. Bankettorganisation und Service**, 2. Auflage, Stuttgart 2004

Gruner, A. (Hrsg.): **Management-Lexikon Hotellerie & Gastronomie**, Frankfurt am Main 2008

Haase, F.; Mäcken, W. (Hrsg.): **Handbuch Event-Management**, 2. Auflage, München 2005

Holzbauer, U.; Jettinger, E.; Knauß, B.; Moser, R.; Zeller, M.: **Eventmanagement – Veranstaltungen zum Erfolg führen**, 3. Auflage, Berlin 2006

Homburg, C. und Krohmer, H.: **Grundlagen des Marketingmanagements**, 2. Auflage. Wiesbaden 2009

Kirchgeorg, M.; Dornscheidt, W. M.; Giese, W.; Stock, N. (Hrsg.): **Handbuch Messemanagement: Planung, Durchführung und Kontrolle von Messen, Kongressen und Events**, Wiesbaden 2003

Meffert, H.; Burmann, C. und Kirchgeorg, M.: **Marketing. Grundlagen marktorientierter Unternehmensführung**, 10. Auflage. Wiesbaden 2008

Mehrmann, E.; Plaetrich, I.: **Der Veranstaltungsmanager: Aktives Marketing bei Ausstellungen, Kongressen und Tagungen**, 2. Auflage, München 2003

Nickel, O.: **Event-Marketing – Grundlagen und Erfolgsbeispiele**, 2. Auflage, München 2007

Opaschowski, H. W.: **Kathedralen des 21. Jahrhunderts, Erlebniswelten im Zeitalter der Eventkultur**, Hamburg 2000

Pircher-Friedrich, A. M.: **Strategisches Management in der Hotellerie**, Frankfurt am Main 2000

Schäfer-Mehdi, S.: **Event-Marketing**, 2. Auflage, Berlin 2005

Schaetzing, E.: **Management in Hotellerie und Gastronomie**, 8. Auflage, Frankfurt am Main 2008

Schreiber, M.-T. (Hrsg.): **Kongress- und Tagungsmanagement**, 2. Auflage, München 2002

Schumacher, F.; Merz, S.: **Gastronomie der Sinne: Kreative Ideen und Anleitungen für Aktionen, Events und mehr**, Stuttgart 2006

Wöhe, G., Döring, U.: **Einführung in die allgemeine Betriebswirtschaftslehre**, 22. Auflage, München 2005

■ Fachzeitschriften

AHGZ Allgemeine Hotel- und Gastronomie-Zeitung
Verbreitete Auflage: über 18.563
Erscheinungsweise: wöchentlich

CIM Conference & Incentive-Management
Verbreitete Auflage: 22.000
Erscheinungsweise: 6 x im jahr

Convention International
Verbreitete Auflage: 11.500
Erscheinungsweise: 6 x im Jahr

Events
Verbreitete Auflage: 23.524
Erscheinungsweise: 4 x im Jahr
zzgl. Sonderausgaben

FVW International
Verbreitete Auflage: 31.355
Erscheinungsweise: 14tägig

geschäftsreisekontakt.de
Verbreitete Auflage: 17.800
Erscheinungsweise: 12 x im Jahr

ICJ mice magazine
Verbreitete Auflage: 17.000
Erscheinungsweise: 4 x im Jahr

mep
Verbreitete Auflage: 11.500
Erscheinungsweise: 6 x im Jahr

TW Tagungswirtschaft
Verbreitete Auflage: 21.000
Erscheinungsweise: 6 x im Jahr

■ Dank

Mein besonderer Dank gilt den zahlreichen Praktikern und Experten in diesem so spannenden Teilbereich des Hotelmanagements, die mich mit Informationen und Einblicken in die tägliche betriebliche Praxis versorgt, mir ihr fundiertes Fachwissen vermittelt und damit das vorliegende Buch lebendig gemacht haben. Insbesondere möchte ich hierbei Frau Ute Bales von der Angell Akademie Freiburg, Herrn Prof. Dr. Axel Gruner von der Hochschule München, Herrn Markus Sczesny vom Renaissance Düsseldorf Hotel, Frau Christine Woll von NH Hoteles Deutschland GmbH, Frau Liv Böing vom Westin Grand Hotel Frankfurt, Frau Mirjam Emde von ALDIANA Gruppen und Incentives sowie Frau Claudia Krause-Stöckel von Micros-Fidelio erwähnen, die mir zeitnah und in unkomplizierter Art und Weise umfangreiches Informationsmaterial zur Verfügung gestellt haben.

Für Ihren Einsatz auf dem Weg zur Realisierung des Buches möchte ich mich ganz herzlich bei Frau Bruni Thiemeyer und Herrn Dr. Clemens Knoll vom Matthaes Verlag, für die wunderbare Gestaltung bei Herrn Frieder Krohmer bedanken.

Des Weiteren möchte ich es nicht versäumen, mich auf diesem Weg bei Dr. Carolin Scharl und Ursula Kübler zu bedanken. Neben ihrem Lektorat und ihren wertvollen Anregungen sind sie – weit über die Bucherstellung hinausgehend – meine beiden wichtigsten Ratgeberinnen.

Wertvollste Unterstützung bei der Erstellung des Buches war mein Mann Richard, der mir den Rücken frei gehalten und mir gemeinsam mit unseren beiden Kindern vielfach völlig neue Sichtweisen, über die gängigen Hotelmanagement-Theorien hinausgehend, ermöglicht hat.

■ Register

■ Die Autorin

Erste Erfahrungen in der Welt des Tourismus konnte Nicola Zech (Jahrgang 1975) bereits von Kindesbeinen an im elterlichen Reisebüro und auf Reisen in die ganze Welt sammeln. Dabei wurde ihre Leidenschaft für die Hotellerie geweckt. Nach dem Abitur folgte ein Tourismus-Studium an der Hochschule München (ehemals Fachhochschule München) mit Fachrichtung Hotel- und Restaurantadministration, das sie mit Auszeichnung abschloss. Praxis im Hotelmanagement erlangte sie in verschiedenen Management-Positionen in der gehobenen Markenhotellerie im In- und Ausland. Um ihre Zeit individueller gestalten und sich intensiver ihrer Familie widmen zu können, entschloss sich Nicola Zech 2006 zur Gründung einer Agentur für Hotelmarketing (www.zech-hotelmarketing.de). Neben Beratungsaufträgen für die Privat- wie Markenhotellerie gilt ihr Fokus heute der akademischen Ausbildung in der Hotellerie: Sie ist derzeit als Honorardozentin sowohl an der Angell Akademie Freiburg als auch an der Internationalen Berufsakademie Standort München tätig. Ihre Leidenschaft gilt einerseits dem Reisen, andererseits dem Kochen – dieses Hobby hat sie mittlerweile durch den Betrieb einer Event-Gastronomie (www.kulinaristik-der-sinne.de) gemeinsam mit einer Freundin zum Teil professionalisiert.

■ Impressum

ISBN 978-3-87515-049-0

Gestaltung und Satz: Atelier Krohmer, Dettingen/Erms, www.atelierkrohmer.de

© 2010 Matthaes Verlag GmbH, Stuttgart